高等院校工业设计类"十二五"规划教材

总主编　朱钟炎　范圣玺

产品设计
手绘表现

Product Design
Sketching

主编　葛延明　花　敏

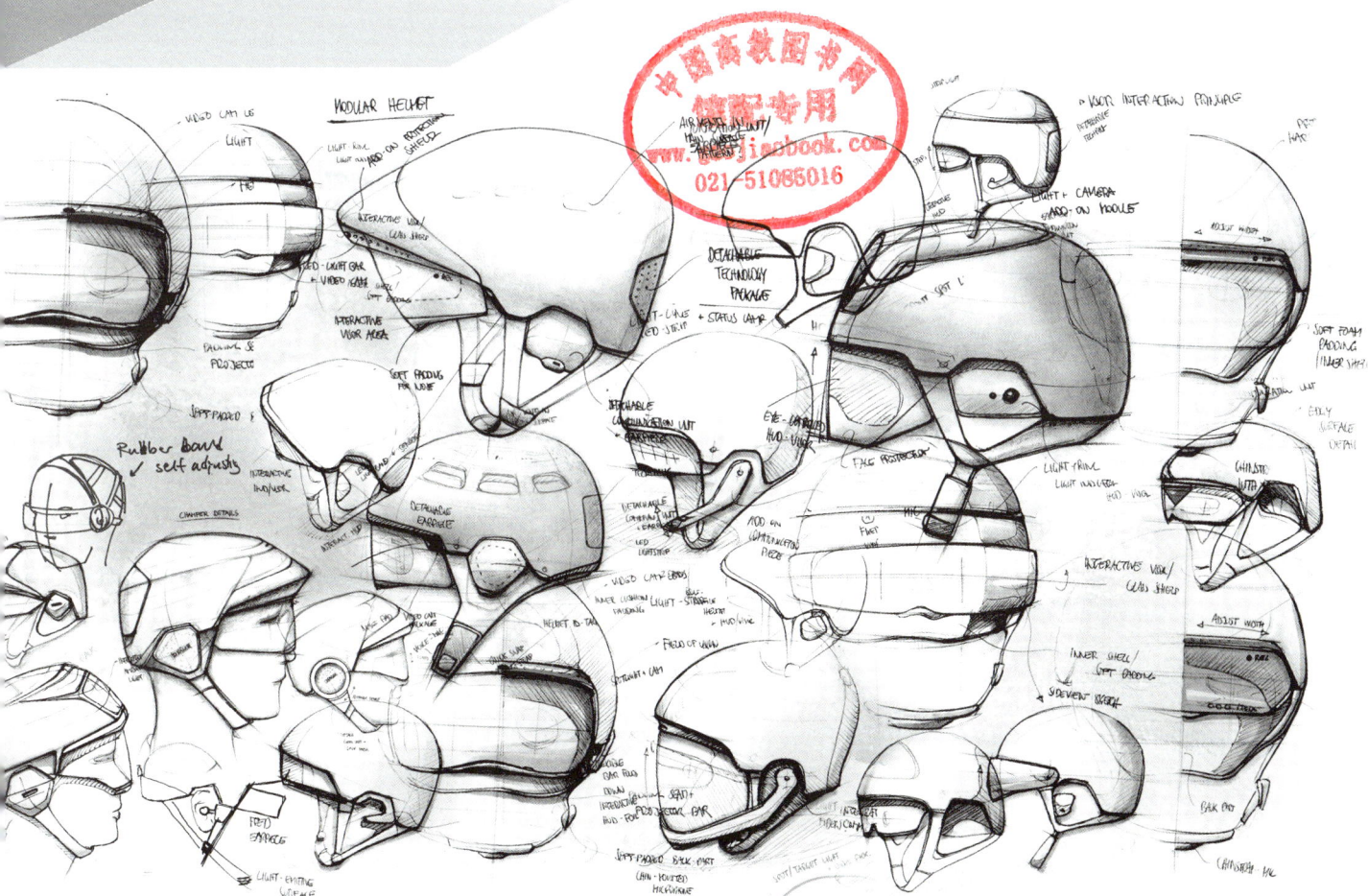

中国海洋大学出版社

·青岛·

图书在版编目（CIP）数据

产品设计手绘表现 / 葛延明，花敏主编. — 青岛：中国海洋大学出版社，2016.2
ISBN 978-7-5670-1086-4

Ⅰ. ①产… Ⅱ. ①葛… ②花… Ⅲ. ①产品－设计－手绘技法 Ⅳ. ①TB472

中国版本图书馆 CIP 数据核字(2016)第 023198 号

出版发行	中国海洋大学出版社			
社　　址	青岛市香港东路 23 号		邮政编码	266071
出 版 人	杨立敏			
策 划 人	王　炬			
网　　址	http://www.ouc-press.com			
电子信箱	tushubianjibu@126.com			
订购电话	021-51085016			
责任编辑	由元春		电　　话	0532-85902495
印　　制	上海汉迪彩色印刷有限公司			
版　　次	2016 年 2 月第 1 版			
印　　次	2016 年 2 月第 1 次印刷			
成品尺寸	210 mm×270 mm			
印　　张	7.5			
字　　数	169 千			
定　　价	45.00 元			

总序

　　《中国制造2025》是国务院总理李克强在第十二届全国人民代表大会第三次会议上提出来的，旨在坚持创新驱动、智能转型、强化基础、绿色发展，加快从制造大国转向制造强国。围绕创新驱动、智能转型、强化基础、绿色发展、人才为本等关键环节以及先进制造、高端装备等重点领域，提出了加快制造业转型升级、提升增效的重大战略任务和重大政策举措，力争2025年前从制造大国迈入制造强国的行列。

　　在此发展方针的指导思想下，工业设计更加注重跨学科的交叉，集成知识，整合创新，跨界探索新的技术、新的形态、新的服务和设计实践。《中国制造2025》也将"人才为本"作为基本方针之一，坚持把人才作为建设制造强国的根本，培养素质优良、结构合理的制造业人才队伍，这也是开设工业设计专业课程的宗旨。在当今重视大众创业、万众创新的形势下，培养工业设计专业人才显得更迫切和更重要。

　　工业设计教育该如何培养适应新发展需求的工业设计专业人才？本系列工业设计类专业教材正是在信息化和全球化深度发展的时代特征下，为适应设计环境的改变、设计对象的改变和创新模式的转变而及时推出的，适应了时代发展和人才培养的需求。

　　本系列教材编写团队整体构成合理、实力雄厚，由长期从事工业设计教学、科研的高校老师，资深设计总监、技术总监，双师型的专家学者等组成。本系列教材强调团队合作，集整体团队智慧、经验于一体，以高度的责任感，对每册教材的框架、内容、教学环节等进行了多次研讨，融入了务实创新的教改精神。其具体特点如下：

　　一、系统性。考虑了工业设计专业学科的知识系统，内容涵盖设计史论与方法论、设计技术类、设计表达类和设计实践类四大板块。

　　二、实用性。教材内容注重与设计行业的结合，教材的编写团队由一线设计教师和知名企业的设计总监或设计从业人员组成，充分体现了理论和实践相对接、学以致用的特点，如《形态基础与产品设计》《产品研发设计表现》《产品系统设计》等教材。

　　三、时代性。本系列教材注重与时俱进。时代在进步，设计内容也在发展。为顺应现代设计的发展需求，教材既注重对设计传统行业的重塑，也兼顾设计学科的跨界探索，如《产品交互设计》《产品设计数字化表现》《产品用户调查》等教材，适应了现代设计的发展需求。

　　此外，本系列教材考虑产品设计、产品类别的宽泛，因此配套内容考虑较全面，既保持了工业设计学科的规范性和完整性，也体现了工业设计学科发展的前瞻性、系统性、交叉性及实践性，能够适应高等院校工业设计专业教学的需求。通过对本系列教材的学习，学生可以全面提高工业设计专业理论水平及应用能力。同时，本系列教材对相关专业人员也具有较高的参考价值。

朱钟炎　范圣玺

2015年11月

前言

对于一名合格的设计师来说，设计表现能力是其必备的基础职业技能。因此，手绘技法教学一直以来都为国内外设计院校所推崇，成为工业设计学科的重要基础课程。在具体的设计实践中，手绘是产品设计流程中的一个重要环节，承担概念发想、灵感记录、设计推理、信息传达和设计表现等诸多功能，是连接无形的创意与有形的产品之间的纽带。此外，在设计师漫长的职业生涯中，手绘也会从一种基础的表现技巧，慢慢积淀形成其独特的个人风格，体现着设计师的职业素养，并反过来极大地影响着其设计。因此，对于设计师来说，手绘训练不仅是其最初学习设计时的基础科目，也应该是贯穿其职业生涯的重要课题。

本书共四章，以文字和图片相间的形式，系统讲述了产品设计手绘表现课程所涉及的各项内容，具体包括产品设计手绘概述、手绘工具及特性介绍、产品设计手绘基础和产品设计手绘表现案例等内容。相较于其他当下流行的手绘教学书籍，本书作者将更多的笔墨用于阐述产品手绘的基础理论，再通过大量的图片展示和分析，讲解了产品设计手绘的基本原理、各种表现技法以及相应的训练手段。本书图文并茂，形象具体，可以作为工业设计专业及其相关专业学生学习产品设计手绘表现的专业教程，同时对广大设计工作人员也具有一定的参考价值。

为保证全书质量，编者团队尽己所能，将自己的所学所思尽数写入本书，但由于水平有限，书中不足之处在所难免，敬请各位专家及广大读者朋友们批评指正。

编者
2016年1月

教学导引

一、教材适用范围

产品设计手绘表现是工业设计专业学生的必修基础课程之一，本教材所涉内容旨在讲解产品手绘基本技法及其相应的训练方式。课程组织以还原论思想为主导，科学地将产品设计手绘表现体系进行解构，并分门别类细致地呈现在读者面前，方便读者理解与快速掌握。本教材在编写过程中尤其重视手绘基础理论的讲解和实用技巧的介绍，有助于学生快速入门，并打下扎实的基础，为日后技法进阶铺平道路。本教材适用于高等院校工业产品设计专业师生，是相关课程的教学参考用书；同时对社会相关设计师也具有一定的参考价值。

二、教材学习目标

1. 理解产品手绘在设计过程中的意义和作用。
2. 了解产品手绘的概念、发展历程及趋势。
3. 了解产品手绘的原则、特点及其学习方法。
4. 了解并掌握产品手绘的各种绘图工具。
5. 学习并掌握产品手绘的基础绘图理论。
6. 学习并掌握相关的绘图技巧、表现手法和训练手段。

三、教学过程参考

1. 案例展示。
2. 理论讲解。
3. 手绘展示。
4. 案例剖析。
5. 作业完成与反馈。

四、教学实施方法参考

1. 课堂演示。
2. 理论讲解。
3. 案例剖析。
4. 作业评判。

建议课时   总课时：32

章　节	内　容	教学理论	课内实训
第一章	产品设计手绘概述	2	2
第二章	手绘工具及特性介绍	2	2
第三章	产品设计手绘基础	6	10
第四章	产品设计手绘表现案例	2	6

目录

第一章 产品设计手绘概述

第一节 产品设计与手绘表现简述

作为产品设计流程中的一个重要环节，手绘表现是连接无形创意与有形产品的纽带。除此之外，它还是一种思维培养的方法、一种创意训练的方法、一种展示想法与沟通的方式，具有快速、直观、低成本、易修改等优点，被设计师广泛应用在日常工作和生活中。手绘表达的水平体现着设计师的专业素养和个人风格，手绘的训练应该是一个延续终身的课题。

1.1 产品设计与设计表现

从19世纪后半叶开始，现代设计登上了历史的舞台，经过百余年的发展，逐渐形成了一套完整而高效的设计操作流程。在商业环境中，产品设计就像一台精密的机器，依赖于各个环节的精确配合，哪怕其中一组相互啮合的齿轮出现问题，整体体系都有可能因此瘫痪。

在不同的行业和设计领域中，实际的操作流程各有不同。在《产品设计与开发》一书中，沃顿商学院的尤里齐教授和麻省理工学院的埃平格教授将产品开发的流程简单概括为计划阶段、设计概念的发展、系统层面的设计、细节设计、测试与完善、生产等几个环节。具体而言，产品设计师需要参与的工作有定义用户需求、编制设计要求、设计概念发散、设计概念筛选、设计概念测试、建立模型、细化设计、编制工程图纸等。这些工作要求设计师熟练掌握各种设计技能和设计方法，设计手绘就是其中相当重要的一种。

在定义用户需求的阶段，观察、访谈、问卷等都是常用的设计研究方法，此外，二手资料阅读和数据分析也是重要的手段。近年来兴起的大数据分析帮助很多企业发现和定位了潜在的用户需求，进而指导他们开发出了成功的产品。

获得了目标用户对产品的需求信息后，结合公司的整体定位、技术和工艺水平、市场情况等具体信息，制定了详细的设计要求。在这一要求的框架下发散想法寻找设计概念，进而筛选深化设计可行的方案是设计师的重要任务。在这个阶段就需要设计手绘表现发挥作用了，一方面它是帮助思考、开阔思路的工具（图1-1-1）；另一方面手绘表现图也是沟通和协作的基础（图1-1-2、图1-1-3），只有将虚无的概念转化为具体的线条、配色和表面处理方案以后，设计团队才有可能就其可行性、美观度及成本控制等方面做出判断，以决定可以进行深化设计的方案或者提出针对性的修改意见。手绘表现的内容不仅包括产品方案本身，有时还包括对使用场景的描述、对使用者和使用方式的刻画、对产品局部细节和维护方式的展示等，这就要求设计师具备快速、准确、美观地完成手绘表现的技能。

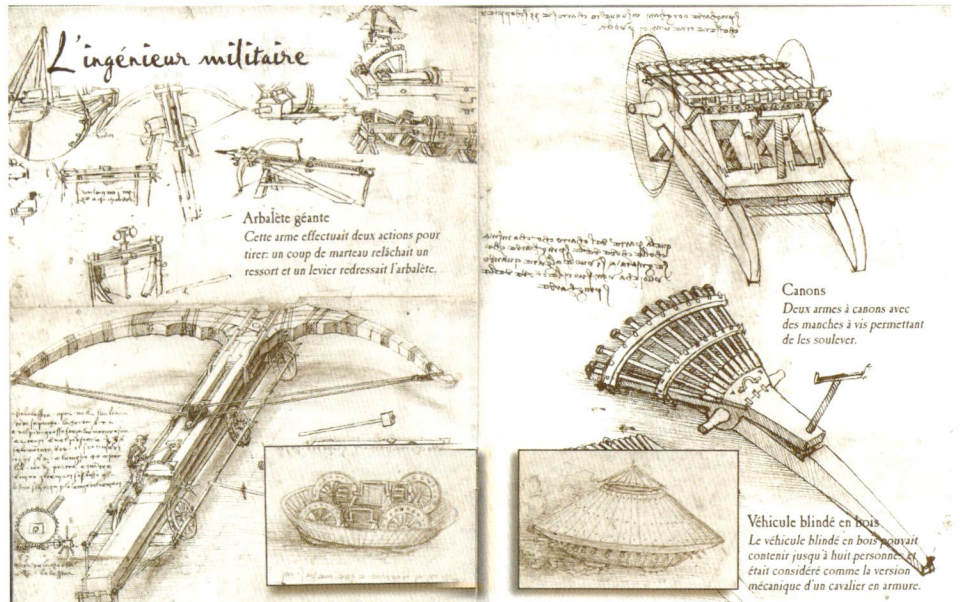

图1-1-1　莱昂纳多·达芬奇推敲攻城武器方案的手绘　《Le Coffret de Vinci》

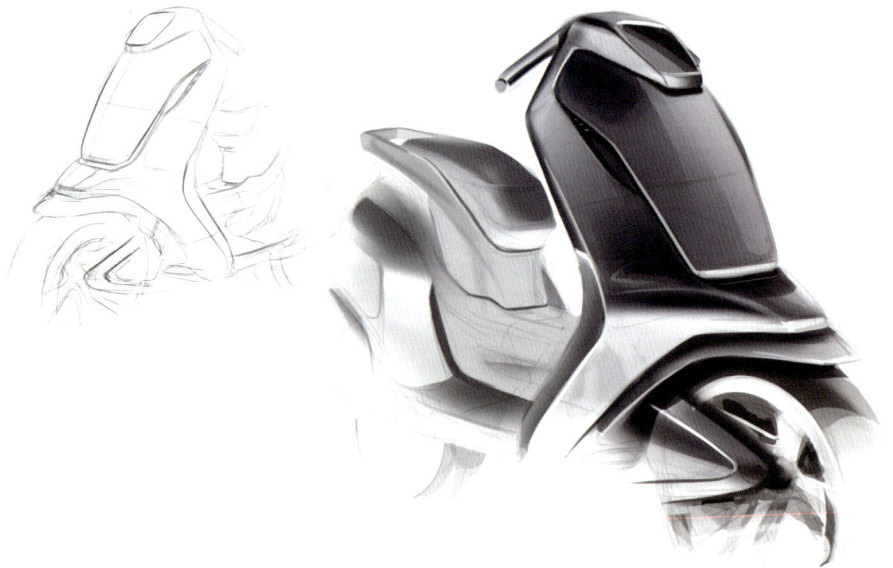

图1-1-2　电动车外观设计手绘效果图　Prathyush Devadas绘

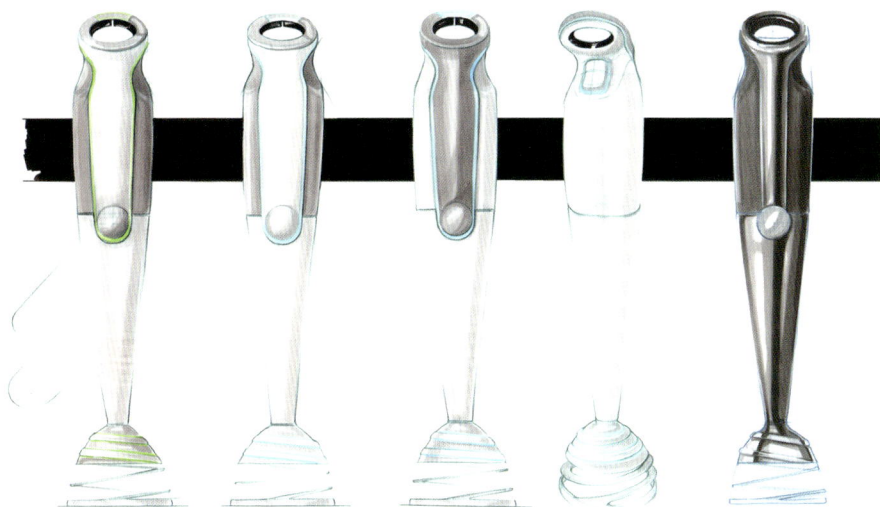

图1-1-3　产品配色方案及细节手绘效果图　Begüm Tomruk绘

　　下一步的工作是建立产品模型并进行细节的深化设计。这里所提到的模型既包括运用软件创建的3D数据模型，也包括实物模型。国内工业设计专业的学生往往忽略了实物模型对设计工作的作用，多数情况下实物模型只是作为他们设计成果的展示，而在实际工作中，实物模型的重要性远不仅如此。笔者曾与很多出色的外国设计师共同工作，也参观过著名意大利设计师卡斯特利奥尼以及老一辈意大利设计大师的御用模型师、金圆规设计奖终身成就奖获得者乔万尼·萨奇的工作室，他们在设计过程中通过搭建模型推敲设计方案的能力令人印象深刻（图1-1-4）。这里所说的模型，不单

图1-1-4　乔万尼·萨奇和他制作的模型

单指我们常见的精细外观模型或功能模型（英文称prototype），也指用身边随手可得之物迅速搭建的草模（英文称mockup），两者在设计过程中的作用都很重要。精细模型有助于我们对产品的尺度、细节、配色方案、材质和肌理选择等方面产生直观的感受，也有助于模拟产品使用场景从人机工程学、设计心理学等角度对设计成果进行评价。草模快速易得，在设计过程中往往用来粗略地模拟方案的结构、比例、操作方式等。因此，模型制作和灵活运用也是设计表现的一个方面，是设计师必须要掌握的技能之一。

为了将设计方案转化为实际的产品，仅完成前面的工作还远远不够，必须要进行结构设计，输出精准的工程模型或设计图纸以对接生产环节。通常这一部分的工作由专职的结构设计师负责，而在有些情况下，这一步的工作也需要设计师完成。工程设计软件也是设计师需要掌握的一项设计表现工具。

必须要提到的是，在实际操作中，产品设计开发的流程不一定是线性地逐步推进，有时不同的环节可能会重叠或者往复进行，这也是由实际情况的复杂和不可预测性决定的。这就要求设计师一方面永葆追求卓越之心，以高标准、严要求对待工作；另一方面也要求他们在工作中具备不灭的热情与耐心。

1.2 设计表现与工业生产

通常，工业设计的成果是批量生产的产品，这就对设计师的工作提出了更高的要求——不仅仅要完成设计表现，还须拿出切实可以进行工业生产的方案。除了设计研究方法和设计表现的技能外，设计师还必须掌握有关产品生产加工工艺、材料特性、表面处理方法、成本控制等多方面的知识，对工业生产有系统而全面的理解，并将这种理解融入设计思考当中。

在工业生产的情境下，设计表现不应该只是设计师随性的自我表达或者与同行交流的工具。大部分情况下，设计表达的对象是其他岗位非设计背景的同事，要求设计表达精准、细致、清晰可读，为生产阶段提供可以按图索骥的线索。设计表现中不仅仅是简单而粗略地展示设计方案的大体效果，而是要尽可能精准地展示方案的整体与重要细节、材料选择、表面肌理、分模与配饰、人机交互方式等方面的内容。为了高效传达设计信息，设计师还需要对表现元素做出取舍，哪些应该重点展示？哪些可以舍弃？视觉动线如何规划？视觉传达的基础知识也是设计师必须学习的内容（图1-1-5）。

设计表现毕竟不同于摄影，无法也不应该百分之一百反映最终产品的面貌。神形兼备是对设计表现的更高层次要求，既要能传递所有必要的信息，又要为受众提供愉悦的阅读体验，它是准确性、约定俗成的表达方式和个人风格的综合。比如在绘制汽车设计表现图时，很多设计师会有意将轮毂比例放大、将底盘降低，以追求更强的视觉冲击力（图1-1-6）。

1.3 设计师特有的语言

设计师吕永中先生在一次分享中将设计师的工作比喻为"翻译"。设计工作并

图1-1-5 设计手绘排版 Philippe Baril绘

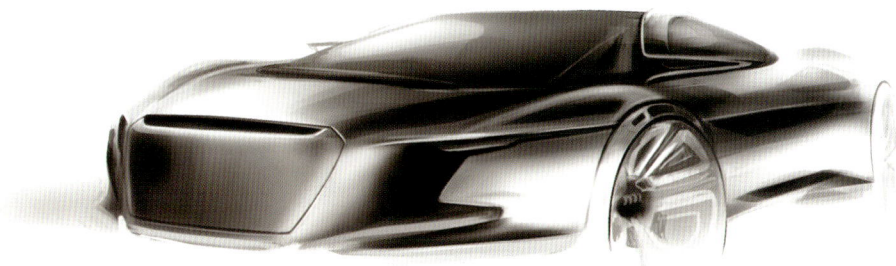

图1-1-6 汽车手绘案例 Prathyush Devadas绘

非像基础科学研究那样致力于拓展人类知识的边界，它以一种温和的方式推动社会进步，将最新的科学成果转化成人们普通日常生活可用之物；将对用户潜在需求的洞察转化为具体而精妙的解决方案。设计师应该是"语言"方面的大师，能够与技术人员高效沟通，能够通过交流发掘用户内心真正的想法，能够流利自如地传达自己的设计概念。近代翻译家、教育家严复先生曾提出"信、达、雅"的译文标准，"信"是指忠实准确地传达原文的内容，"达"指译文通顺流畅，"雅"指译文需有文采，用词斟酌、文字典雅。在设计领域我们常讲的可用性、易用性以及用户体验几个维度的评价标准，也是这三字真言的另一种体现。

手绘表达是设计师特有的语言。即使在电脑可以取代很多纸面工作的今天，设计手绘表达依然延续着它的生命，而且就像一门语言一样，只要掌握这门语言的群体还存在着，语言也会一直存续。

大约十几年前，就"产品设计手绘是否有其继续存在的价值"这一话题有过广泛而持久的讨论，有相当一部分人认为随着计算机的普及和相关设计软件技术的发展，手绘表现的作用变得愈发不重要。然而十余年后的今天，手绘依旧是工业设计专业学生的必修技能，对于设计手绘的作用大家也有了更加全面而深刻的认识。

自20世纪80年代起，工业设计专业在我国有了初步发展，之后的很长一段时间里产品手绘的最主要作用就是绘制高精度的设计效果图。在个人计算机并不普及的年代，借助计算机辅助三维设计软件制作产品效果图还远非行业内的主流做法。使用手绘的方式完成效果图要求设计师具备相当扎实的绘画功底，并且要耗费大量的时间和精力。当时使用的主要工具有水粉、喷枪等，其准备与操作的过程也十分不便（图1-1-7）。

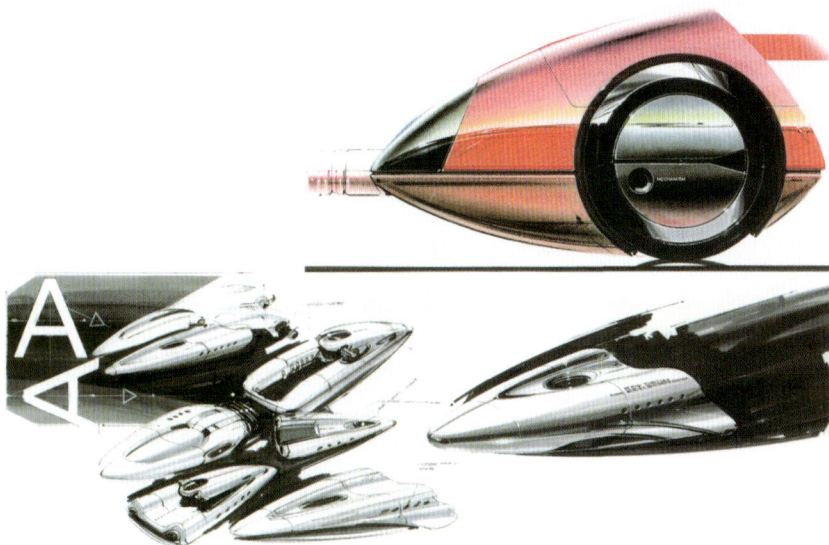

图1-1-7　手绘作品　清水吉治绘

而今，设计师对手绘表现这门语言的掌握愈加纯熟，把手绘当作绘制效果图的做法越来越少，更多的时候它成了一种记录灵感的方法、一种思维训练的方法、一种创意发散的方法、一种展示想法与沟通的方式。比如，思维导图这一使用极广泛的思维工具就强调图文并重，将思维的过程和结果用图像、颜色等表现出来，帮助设计师一层层去发散和联想新的内容。善于手绘表现的设计师们无疑可以更好地驾驭它，用以发现、记录和整理新的想法（图1-1-8）。

除了在专业领域的应用，手绘表现还可以是一种修身养性的爱好，平日里记记手账，或者随手勾画几笔纾解心情，既是一种放松，也是一种积累（图1-1-9）。

人们常说"字如其人"，对于设计师来说，何尝不是画如其人呢？手绘表现图往往体现着一个设计师对设计课题的理解，他的手绘表现风格往往也体现着他的设计风格。这样说来，产品设计手绘表现不但没有失去存在的价值，反而变得越来越重要了。

图1-1-8　思维导图　Nicolle Lutterbeck绘

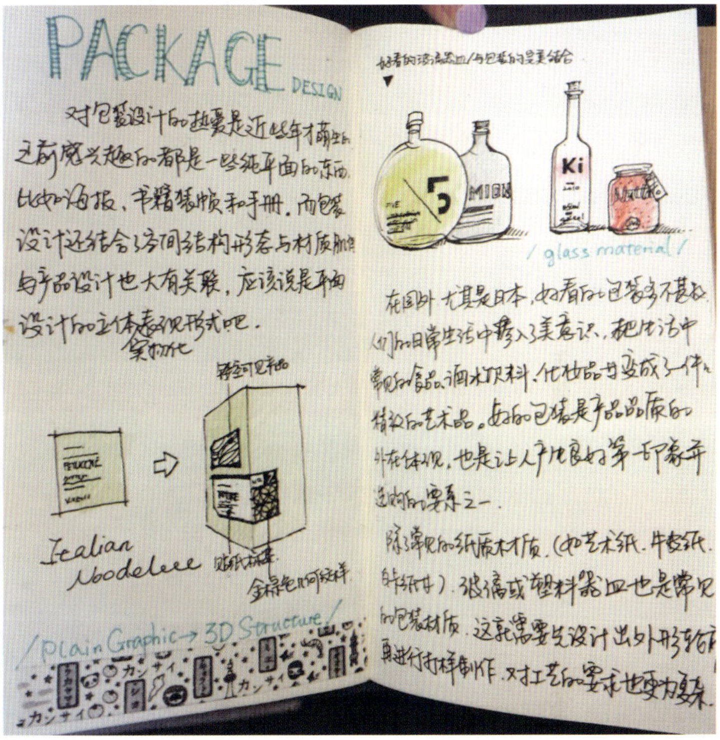

图1-1-9　设计师的手账　黄屹洲绘

第二节　产品设计手绘表现概述

2.1 产品设计手绘表现的概念

手绘是应用于各个行业手工绘制图案的技术手法，设计类手绘主要是前期构思设计方案的研究型手绘和设计成果部分的表现型手绘，前期部分被称为草图，成果部分被称为表现图或者效果图。从狭义上说，产品设计手绘表现就是以产品为表现内容的手绘类型；而从广义上说，所有与产品设计相关的手绘活动都属于产品设计手绘的范畴。

随着技术的发展，数位板等外设工具从传统的纸张媒介上解放了设计师，采用这些新的工具完成的产品图案绘制也应归为产品设计手绘。同样的，借助SketchBook、Photoshop等工具软件进行的绘制也是产品设计手绘。

2.2 产品设计手绘表现的发展历程与趋势分析

产品设计手绘表现技法在最近三十年左右的时间里经历了几次重大的发展变革，一方面的是因为手绘工具和技术有了天翻地覆的发展，另一方面则是因为设计师们对设计手绘有了更深刻的理解。在此笔者对产品设计手绘表现的发展历程进行了简单的梳理，希望能够帮助读者在开始手绘训练前对这一历程有系统的认识和把握。

2.2.1 水粉、喷枪画法

在这一时期，产品设计师们还在探索适合设计表现的工具，而由于个人计算机还不普及，使用计算机辅助设计软件绘制产品效果图也还没有成为一种常规的做法。高仿真度的产品效果图是这个时期设计师们手绘表现的最终目标，使用水粉画颜料、喷枪等工具能够非常真实地模拟产品实物效果，因而得到了广泛应用。

使用水粉和喷枪等进行产品手绘表现存在着很多问题。其一是需要一定的传统绘画基础，为了能够完成高水准的手绘作品，设计师需要花费大量的时间进行绘画基础的训练。其二是完成一幅作品需要较长的时间，有时甚至长达一周之久，在讲究效率的现代商业环境中这无疑是致命的缺点。

总的来说，这一时期产品设计手绘还在探索一套适合自身特点的表现体系。

2.2.2 底色高光画法

底色高光画法通常是用有色卡纸作为底色，也就是所画产品的本身固有色，首先在有色卡纸上画出产品的线稿，然后用马克笔等工具画出其暗部色调，再用白色彩铅或修正液等工具提亮高光区域以及高光线以达到塑造产品效果的目的（图1-2-1）。

图1-2-1 底色高光画法

底色高光画法还有一种画法就是在白纸上，根据表现对象刷上底色，然后在底色上用高光法进行表现（图1-2-2）。

图1-2-2 刷底色高光法 清水吉治绘

这种画法从20世纪90年代开始得到了广泛应用（国外很早就流行此画法），其绘制速度较之前的画法有了很大的提升，同时也更加易于掌握。后来，随着数位板等数码外设产品和手绘辅助软件的广泛应用，底色高光画法在数字绘图领域又焕发了新的活力。在数字绘图工具的使用中，各种笔刷、渐变、肌理工具，能够轻松创造出各种底色效果用以烘托表现的主体，为设计创新思维的表达和画面氛围的营造提供了全新的途径（图1-2-3）。

图1-2-3 数码时代的底色高光画法 Marc V Brosseau绘

与之前的画法相比，底色高光画法更符合产品设计手绘表现的特征。首先，与建筑、景观设计等领域手绘表现的对象相比，产品设计手绘表现的对象形态多以个体出现，其颜色和材质的变化更少，底色高光画法清晰明朗的风格非常适合表现这种对象，同时还极大地提高了绘制的速度。其次，底色高光画法，尤其是采用有色纸张作为底色的画法，使设计师脱离了对传统绘画工具和技法的依赖，能够更加专注于对设计本身的思考。这一画法在今天仍具有蓬勃的生命力。

2.2.3 马克笔、色粉快速画法

在工业设计的理论和方法得到快速发展的同时，设计表现工具方面也有了新的发展。马克笔、色粉、彩色铅笔等快速表现工具被引入，让更加快速、高效地绘制设计表现图成为可能。这些工具的综合应用，让设计师们在绘制速度与表现效果之间找到了一个最佳的平衡点。这种画法在20世纪末至21世纪初迅速成为设计手绘表现的主流。

马克笔的特性适合大面积着色，色粉则适合表现细腻的色彩过渡。绘制时先完成产品的线稿，使用马克笔表现产品的暗部、结构性和阴影部分，使用色粉表现产品的亮部、过渡面与环境反射。通常设计师会充分发挥这些工具的特性来表达戏剧化的光影变化，来突出和强化所表现的材质特征，如设定金属等高反光的材质亮部反射天空的颜色，暗部反射大地的颜色（图1-2-4）。

图1-2-4　马克笔、色粉效果图　yang绘

至此，设计师们终于找到了适合的手绘表现工具，手绘表现的绘图方法也完全脱离了传统绘画技法的约束。一方面，他们不断挖掘这些工具在手绘表现中的潜力；另一方面，他们加快了探索一套适合产品设计手绘表现的绘图体系的步伐。

2.2.4 工具综合运用的诠释性画法

梁军、罗剑老师在《借笔建模》一书中将21世纪初至今广泛流行的产品设计手绘表现形式总结为诠释性画法。在这一潮流中，改变的并非设计表达的工具或者技法，而是表达的内容与形式，其背后则是对设计表达目的的深入理解。

在这一画法中，通过对多个角度透视图、爆炸图、局部细节放大图、剖面线、使用场景等元素的灵活组织，可以更加全面细致地表现设计方案和其背后的思考过程。各种手绘工具得到更加充分的综合应用，不仅是马克笔、色粉、彩色铅笔，还包括各种肌理板、修正液等，有时还会结合计算机绘图软件进行后期效果的处理。至此，表现工具从此不再是限制设计师发挥创造力和展现创意的制约因素。在此不能不提到的是华裔设计师刘传凯，21世纪初他的手绘表现作品风靡一时，影响了很多设计师和学生（图2-1-5）。但是这种画法的最大弊端在于轮廓线毫无意义地过度重复描绘，失去了造型线条的流畅感觉与美感，没有形体透视通过线条虚实表现的感觉，如同一个初学者对形态没有把握的内心恐惧在没有自信的反复涂画中的流露。更有甚者，在阴影的表现中用密密麻麻的线条，浪费时间，阴影在这主要是对主体起衬托的作用，用宽马克笔刷两下就完成的事何必用细线去磨洋工？当时国内画效果草图的书很少，几乎没有，所以初学者缺乏辨别能力，受误导很多，在此以正视听。

这一潮流出现的技术原因在于，依靠计算机辅助设计技术，设计师已经能够绘制和渲染出仿真度极高的设计效果图，而以手绘表现的方式呈现最终效果图的情境几乎

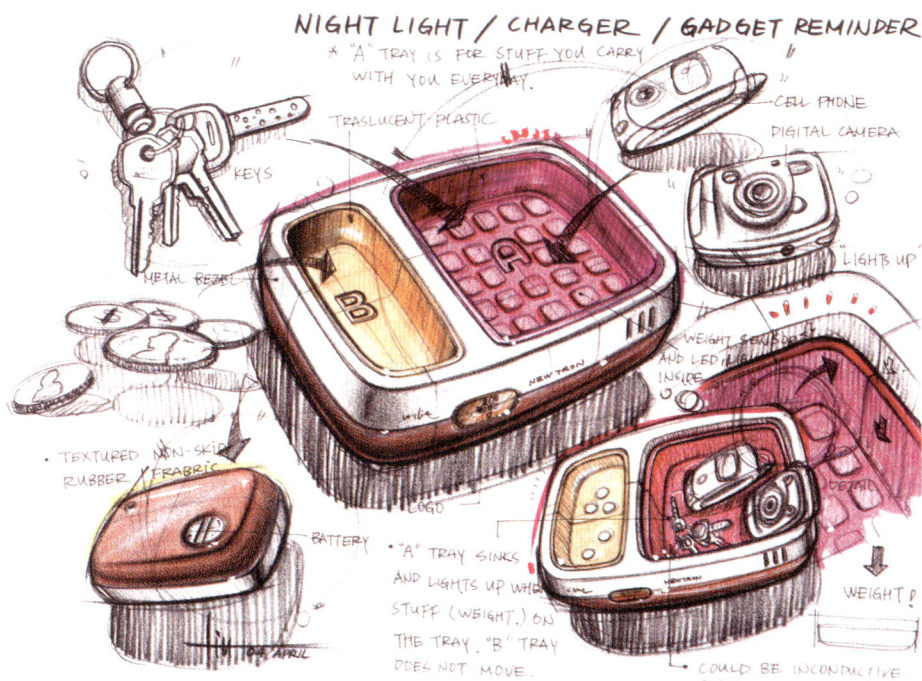

图1-2-5　手绘表现图　刘传凯绘

不复存在了。这时，手绘表现在产品设计活动中的主要目的转变为快速记录设计想法和全面解说设计方案。综合运用各种工具的诠释性画法正是在这种环境下的产物。

未来产品设计手绘表现又将有怎样的新发展？就让我们一同努力和期待。

2.3 产品设计手绘表现的分类和作用

在产品设计开发流程中，手绘表现按照其功能大体分为概念草图、分析草图、2D线图、2D效果图、手绘效果图等。

2.3.1 概念草图

概念草图用以对设计项目的相关信息进行记录、梳理、分析，发掘具有深入发展潜力的设计概念。这个设计环节的成果直接影响到最终设计成果的产出（图1-2-6）。

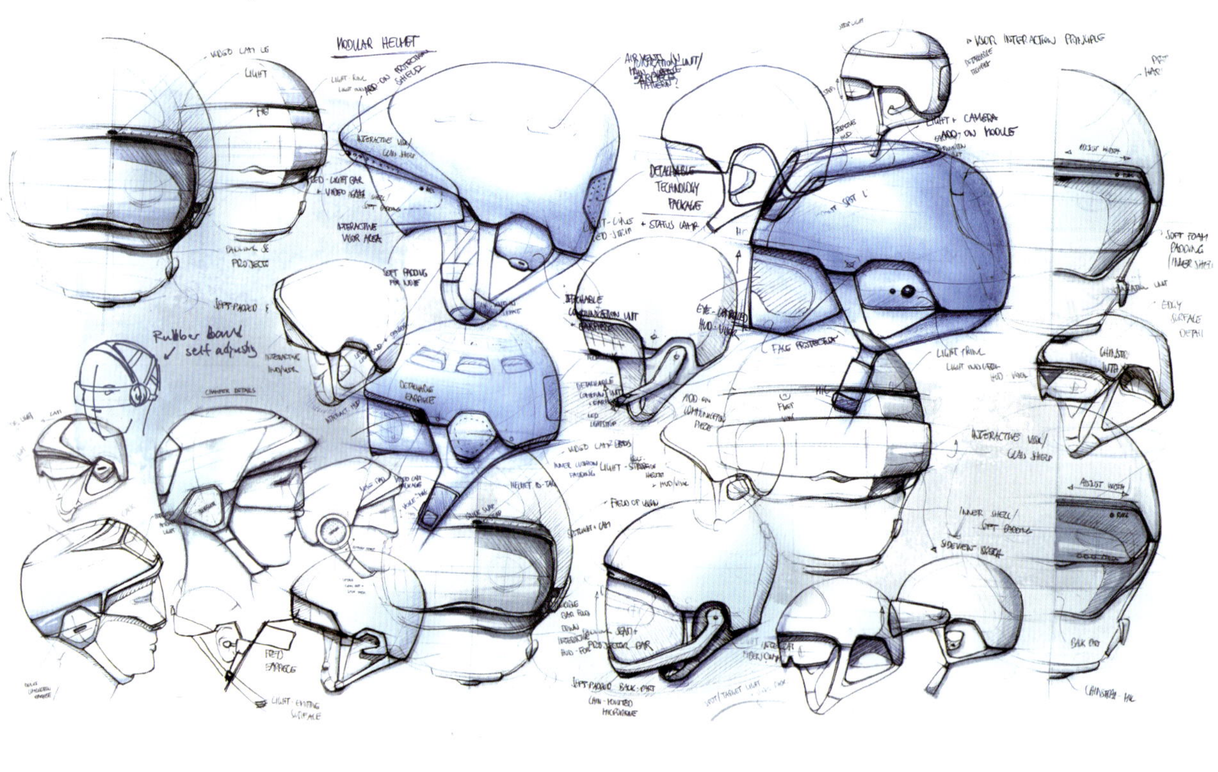

图1-2-6 头盔设计的概念草图 Aaron Wansch绘

2.3.2 分析草图

分析草图是在概念草图的基础上，对有深入发展潜力的设计方案进行推敲的过程。通常以手绘的形式，对产品的形态、结构、重要细节等方面进行深入探讨（图1-2-7）。

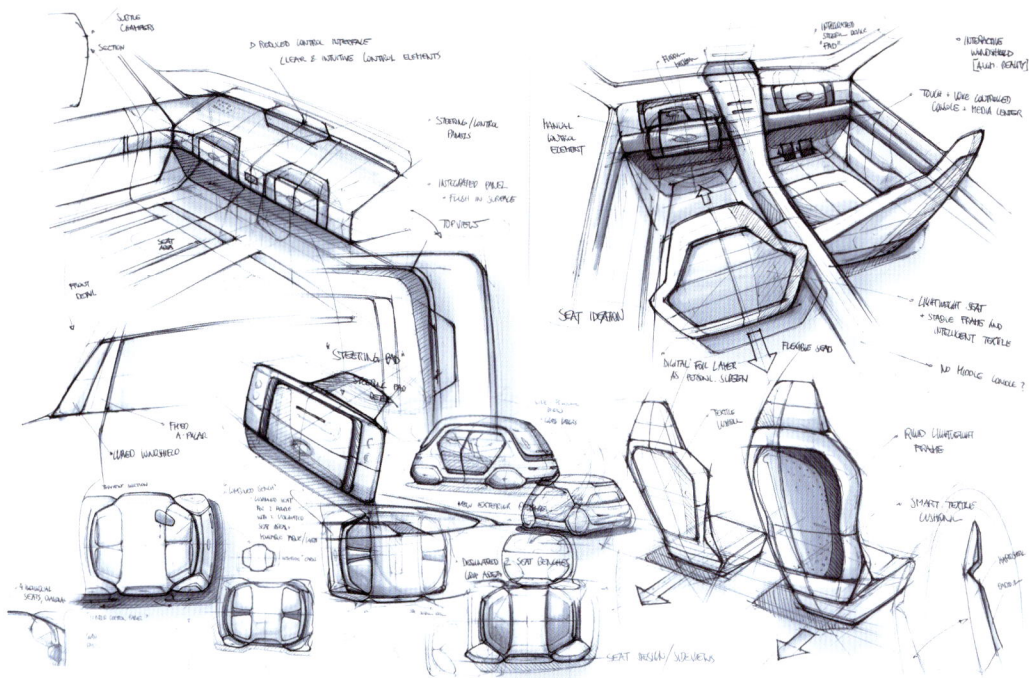

图1-2-7　概念车的分析草图　Aaron Wansch绘

2.3.3　2D线图

2D线图是使用CAD软件或者矢量绘图软件按照设计方案的实际比例关系绘制的线图，用来研究产品设计方案的空间尺度、人机关系是否合理，有时也用来探讨产品各个部件的设计布局是否存在相互干涉的问题（图1-2-8）。

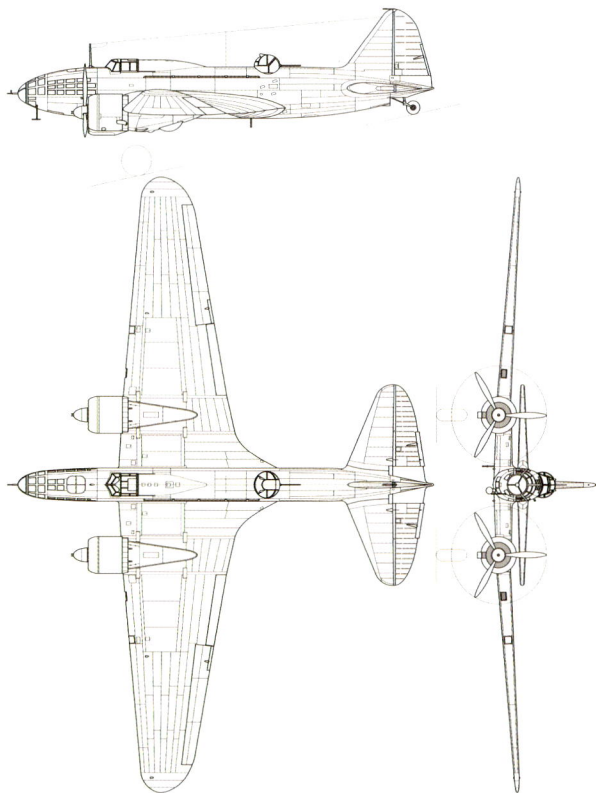

图1-2-8　伊尔-4轰炸机的2D线图

2.3.4 2D效果图

2D效果图是在线图的基础上绘制材质、肌理和光影等效果，用来模拟设计方案的实物效果。在家电设计等领域，2D效果图常用来比较和筛选设计方案，其绘制往往也可以为下一步三维模型的构建提供三视图和重要特征线等信息（图1-2-9）。

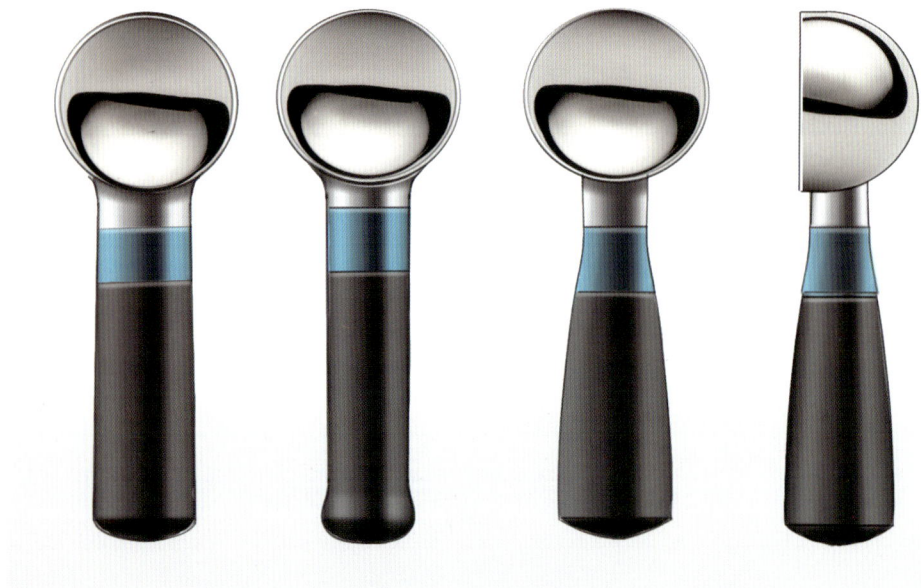

图1-2-9　餐具的2D效果图　Philippe Baril绘

2.3.5 手绘效果图

手绘效果图是采用手绘工具和手绘技法模拟最终产品的比例、色彩、材质、肌理等，用以直观地展示最终产品的实物效果（图1-2-10）。

随着计算机辅助设计软件的快速发展和普及，以手绘的方式绘制效果图的做法越来越少，甚至有很多设计师与设计专业的学生因而摒弃了手绘表现的学习。事实上，产品手绘表现的作用不仅仅是绘制精细的产品效果图，它还是一种帮助思考的工具。在针对某一问题进行手绘时，我们能够快速地调动知识与经验，激发联想，提出解决方案，并且能够直观、迅速地进行交流，进而对方案进行深入地修改与优化。同时，通过切实地对形态、色彩、材质等的思考与尝试，激发左右脑机能协同工作，从而最大限度地发掘自身的创造力，发掘设计的无限潜能。

图1-2-10　咖啡机设计效果图　Justin Arsenault绘

2.4 产品设计手绘表现的原则和特点

前文提到产品设计手绘表现在不同的应用情境中，相应地也有不尽相同的具体要求。以下是产品设计手绘表现中存在的一些通用原则，仍需设计师去遵循。

（1）准确性

使用语言或者文字描述某件事物的时候，如果表述不清楚往往会引起误解，设计手绘表现也是如此。作为表现设计师设计想法的工具，设计手绘的首要任务是要能够准确地传达设计师对于某一课题的设计思考和解决方案。产品的形态特征、透视和比例关系、结构和细节等都是需要准确表达的内容。

（2）高效性

在这个注重效率的时代，激烈的市场竞争和设计工具的发展从不同的方面促进产品设计开发周期极大地缩短，对产品设计开发的前期工作与设计表达的要求也随之提高。在准确的基础上提高手绘表现的效率，针对不同的设计主体选取适当的表现工具和技法，比如冰箱等家用电器在实际操作中就经常使用2D软件快速绘制立面视图的效果。

（3）研究性

在产品方案设计过程中，设计表现不仅是一种展示成果的工具，它还具有研究性的功能。设计师通过手绘方法探讨一种技术或者一种新的材料是否能够完美应用于产品设计上，帮助工程技术人员、生产决策者、市场部门等了解设计方案的可行性，进而以之为基础对设计方案做出具体、科学的论证。

（4）说明性

设计表现综合了文字、图像等表达要素，与生俱来就具有很好的说明性。产品设计手绘表现就是将设计师的设计思考成果清晰地呈现出来，可以是图形、符号、描述性文字等多种形式的组合。

（5）故事性

产品的使用总是发生在特定的场景下，因此对设计方案的表现也不能是孤立地展示产品本身，而是应该全面展示产品的使用行为和场景的特征。很多情况下我们要以故事板的形式来讲述一个完整的使用故事。另外，所有表达方式的目的不仅仅是传递信息，还要尽可能提供轻松愉悦的阅读体验。因此故事性也是设计手绘表现的一项重要原则。

（6）通用性

手绘表现的方式具有高度概括性，在表现比例关系与体量感的时候却有着天生的缺陷。通过数字化工具的应用，可以有效地控制尺寸和比例关系，进而更精准地进行表达，更高效地与生产技术人员等进行沟通。对于尺寸较小的产品，可以选择按照实际尺寸绘制1∶1的草图，避免设计前期比例关系不准确造成的误读。

2.5 产品设计手绘表现的基本学习方法

与所有新技能的学习过程一样，产品设计手绘表现的学习也是一个循序渐进的积累过程。在理解了相关的概念和原理以后，以科学的练习方法进行持之以恒的训练，对优秀作品进行鉴赏和临摹以提高眼光，多多思考，掌握设计手绘将会是顺水推舟的事情。

（1）从基础开始

线条是构成产品设计手绘表现的基础。任何产品都可以分解成直线、曲线、圆、椭圆等基本线条元素。要画好设计手绘，就必须通过大量和持之以恒的练习来提升对线条的控制能力和表现力，进而还需要深入理解和掌握透视、结构、光影等基本原理。只有将所有的这些元素结合在一起才构成完整的产品表现手绘。

（2）临摹优秀作品

产品设计手绘表现不仅包括产品效果图，还有三视图、爆炸图、细节图、场景图、故事板、排版方式等多方面的内容。可以按类别收集各种类型的优秀作品加以鉴赏和临摹，这样不但有利于学习和实践不同的表现技法，寻找适合自己的工具和手绘风格，同时也能够帮助积累设计思路、培养设计感觉。对优秀设计和表现作品的关注与鉴赏，应是伴随设计师一生的学习习惯。

（3）从产品到手绘

以实际的产品作为手绘的表现对象，按类型对产品进行分类资料搜集和练习。这样不仅可以锻炼手绘能力，而且有助于更深刻地理解产品。在画的时候头脑中不要过多地关注手绘技法，而是去思考产品的形态、功能、色彩、材质、结构等细节如何转化为手绘的表达形式。

（4）在实践中提高

最后，产品设计手绘表现需要在实际的设计活动中不断被应用，在日积月累的重复中加深理解、得到磨炼和提升。

思考与练习

收集5位设计师的手绘表现稿，对比最终产品的照片，分析手绘表现与设计、生产的关系。

第二章　手绘工具及特性介绍

第一节　绘图工具介绍

常见的手绘工具有铅笔、马克笔、钢笔等，也包括尺规和各类纸张等。随着技术的发展，数位板、数位屏，甚至平板电脑和手机等，都可以成为手绘的工具，而且计算机辅助绘图软件也应被归为绘图工具。这些绘图工具将在本章中进行简要的介绍。有些曾经常见的工具，如水粉颜料和画笔等，已经渐渐淡出了历史舞台，在下文中就不再赘述了。

1.1 黑白表现类

（1）铅笔

铅笔是最常用的绘画工具，通常以石墨为主要笔芯原料，有超过四百多年的使用历史。铅笔可以用来勾勒产品轮廓，也可以结合其他工具用来增强产品暗部的质感和光影效果。使用铅笔作画时，建议在手腕下方垫张白纸，以免不小心污损画面。

常用国产品牌有中华、马可等，外国品牌有三菱、施德楼、辉柏嘉等，各具特色，价格也有所不同，大家可以按需要选择适合自己的品牌（图2-1-1）。

图2-1-1　施德楼铅笔　Becky Di Mattia摄

（2）自动铅笔

为了解决木杆铅笔经常需要卷削的问题，自动铅笔被发明出来，并在20世纪70年代得到了普及。与铅笔相比，虽然自动铅笔受限于笔芯粗细和笔尖形状难以产生出变化丰富的笔触效果，但是它方便快捷，尤其是在勾勒线稿的时候有不错的表现。

市场上自动铅笔的品牌很多，红环、施德楼、凌美、三菱、百乐等品牌的经典型号都可以尝试（图2-1-2）。

图2-1-2　几种自动铅笔

（3）钢笔

现代钢笔于19世纪末开始广泛使用，因为其笔尖由金属制成，故被命名为钢笔，其特色是书写起来圆滑而有弹性，运笔流畅，可以创造出比较丰富的笔锋变化。一般在建筑风景画、设计速写中应用较多，也有设计师喜欢用钢笔勾勒轮廓和表现光影关系。钢笔兼顾日常文字书写和绘画，非常适合随手记录设计灵感。

钢笔的价格区间很广，高端者被称为奢侈品也不为过。因为其经久耐用，加之背后的文化内涵，值得入手和收藏。知名的钢笔品牌非常多，国产品牌有英雄、永生等，出品过很多广受好评的型号；国外品牌有百乐、凌美、施德楼等（图2-1-3）。

图2-1-3　凌美钢笔及笔尖

（4）圆珠笔

圆珠笔的圆珠由黄铜、钢或者碳化钨制成，在书写时将墨水释放到纸上。它具有结构简单、携带方便、书写润滑等优点。由于圆珠笔线条均匀，且可以刻画出非常精细的细节，完成的手绘往往具有一种清爽的韵味。有些型号的圆珠笔与纸张间的阻尼大，在绘制曲线时更利于控制线条的走向。

常用的品牌有三菱、百乐、施德楼等（图2-1-4）。某些质量不佳的圆珠笔在起笔和收笔时会产生墨点，选购时需要特别注意。

（5）绘图笔

这里的绘图笔是一个统称，包括针管笔、勾线笔、签字笔等，通常使用黑色碳素类颜料。这类笔的差别在于笔头的粗细，常见型号为0.1～1.0mm等。其中针管笔在手绘中使用最广，这种笔一般笔尖较软，画出来的线条流畅均匀，视觉效果上显得干净利落，其缺点是线条缺乏层次感。有时会将不同型号的针管笔配合使用，以达到主次分明、层次突出的效果。

针管笔常见品牌有三菱、樱花、红环、施德楼等（图2-1-5）。

图2-1-4　圆珠笔

图2-1-5　施德楼绘图笔

1.2 色彩表现类

（1）彩色铅笔

彩色铅笔通常被简称为彩铅，与普通铅笔不同，彩铅的笔芯不含石墨，而是使用油脂和蜡等将黏土、颜料和滑石粉等材质黏合压制做成。其笔芯中的蜡质接着剂比例越高，笔芯就越硬，反之就越软。

不溶性彩色铅笔可分为干性和油性。我们一般在市面上买的大部分都是不溶性彩色铅笔，其价格便宜，是绘画入门的最佳选择。不溶性彩色铅笔画出的效果较淡，简单清晰，大多可用橡皮擦去，有着半透明的特征，可通过颜色的叠加呈现不同的画面效果，是一种较具表现力的绘画工具。

水溶性彩色铅笔又叫水彩色铅笔，它的笔芯能够溶解于水，遇到水后，色彩晕染开来，可以实现水彩般透明的效果。水溶性彩色铅笔有两种功能：在没有蘸水前和不溶性彩色铅笔的效果是一样的，可是在蘸上水之后就会变成像水彩一样，颜色非常鲜艳亮丽，晕染自然，而且色彩柔和。特别要说的是白色彩铅，用来绘制高光部分，可以使画面更有立体感和吸引力。

市售常见品牌主要有辉柏嘉、施德楼、樱花等（图2-1-6）。绘图的纸张建议选择较好的水彩用纸或纹面卡，肌理质地粗细均可，但必须要相对密实、清晰，这样有助于彩铅的细微颜料颗粒相对牢固地附着在纸面上，保证画面的色彩效果。

图2-1-6 施德楼彩铅

（2）马克笔

马克笔色彩丰富，笔触干净清晰，且使用方便，表达效果具有较强的时代感和艺术表现力，是非常理想且常用的手绘工具。按墨水种类可分为油性、酒精性和水性等几种不同类型。

油性马克笔快干、耐水，而且耐光性相当好，颜色多次叠加不会伤纸，表现效果柔和。

酒精性马克笔可在任何光滑表面书写，速干、防水、环保，可用于绘图、书写、记号、POP广告等。其主要成分是染料、变性酒精和树脂，墨水具挥发性，应于通风良好处使用，使用完需要盖紧笔帽，要远离火源并防止日晒。

水性马克笔则颜色亮丽，有透明感，但多次叠加颜色后会变灰，而且容易损伤纸面。此外，用沾水的笔在上面涂抹的话，效果跟水彩很类似，有些水性马克笔干掉之后会耐水。

在购买马克笔时，一定要按照实际使用场景选择适用的种类。主要的品牌有日系COPIC、MARVY，韩系TOUCH，美系SANFORD、AD等。其中最为著名的是COPIC马克笔，为酒精性，因快干和混色效果好的特性而深受欢迎，而且有专用墨水可以反复填充。不同品牌的马克笔在颜色表现和笔尖形状等方面具有不同特色，可根据个人喜好进行选择（图2-1-7）。

（3）色粉

色粉通常为条状或者棒状，使用时用小刀刮取粉末，使用化妆棉等涂抹到画面上。色粉上色效果过渡自然，还可以用橡皮擦出高光的效果，常配合马克笔使用。

图2-1-7 COPIC马克笔

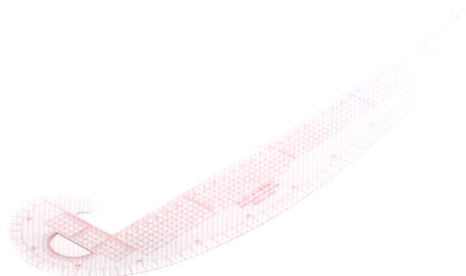

图2-1-8 多功能绘图尺

1.3 辅助类表现工具

（1）尺

尺子是最常见的绘图辅助工具，其种类和用途有很多。除常用的直尺、丁字尺外，还有曲线尺、云形板等，用来辅助绘制较复杂的曲线效果（图2-1-8）。

（2）肌理板

在很多情况下为了表现某些材料的表面肌理，设计师也会用到各种肌理板这类工具。严格来说，肌理板其实不是一种很规范的绘图工具，而是设计师创造力的体现。比如，网眼板是一种常见的辅助绘制特殊肌理的工具，借助现有的网眼板等能够快速、便捷地为手绘作品增添更贴近真实的质感（图2-1-9）。

（3）修正液、高光笔

修正液在书写的时候是修改错误的工具，在手绘中则可被用来提亮表现对象的高光部分，往往寥寥几点就可以烘托出很炫的画面效果（图2-1-10）。另外，还有很多白色的高光笔等，粗细不同，用于表现手绘对象的高光部分。

图2-1-9 网眼板

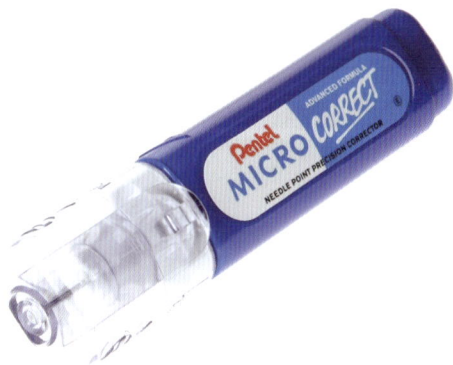

图2-1-10 修正液

此外还有很多其他辅助类绘图工具，比如剪刀、定画液等。设计手绘表达永远不会只局限于现有的工具，设计师可以不断发挥想象力和创造力，发掘更多的表达可能性。这不单是为了追求更加高效、绚丽的表达，也是设计师的一种自我修炼。

1.4 纸张的选择与使用

（1）复印纸

复印纸，尤其是A4尺寸，可以说是现在最常见的纸张，同时也是设计师进行手绘练习最常用的纸张。克重是纸张的重要属性，指的是每平方米该种纸张的重量，克重的数值越高则纸张越厚，通常价格也会更高。比如，最常见的A4复印纸一般是70g/m²，也有一些80g/m²的产品。马克笔的笔触会透过较薄的纸张，使用的时候要特别注意，以免造成纸张浪费或污损桌面。由于A4纸尺寸有限，在进行线条等基本功练习时推荐使用A3尺寸的纸张（图2-1-11）。

现在国内普遍使用复印纸。国外一般有专用纸，不用复印纸，配合使用酒精性的COPIC马克笔，效果最好的专用纸是"PM PAD paper"（图2-1-12）。

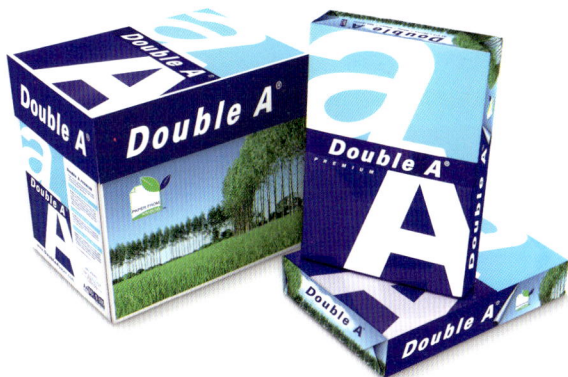

图2-1-11　AA复印纸

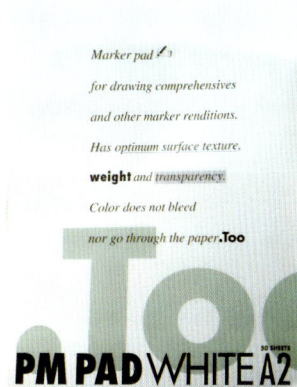

图2-1-12　PM PAD paper

（2）硫酸纸

硫酸纸纸质纯净、强度高、透明好，广泛用于图纸打印和转印等，也是一种进行手绘表现的常用纸张。因其透明的特性，是作"拓图"练习最理想的纸张，也可以在一面勾线稿，在另一面上色，营造出特别的光影效果。但是由于表面质地过于光滑，对铅笔笔触不太敏感，所以最好使用绘图笔绘制线稿。

（3）其他纸张

各种颜色的卡纸不但可以配合底色高光画法，而且其特别的质感和肌理也会为手绘表现增添独特的韵味。

（4）速写本

速写本是用来进行速写创作和练习的专用本。形状为方形和长形不等，开数大小不一，一般长方形以十六开、八开、四开尺寸居多。纸张较厚，纸品较好，多为活页以方便作画，有横翻、竖翻等不同形式。相较于单张画纸，速写本更易保存和携带，适合随时随地用手绘方式记录见闻和灵感（图2-1-13）。

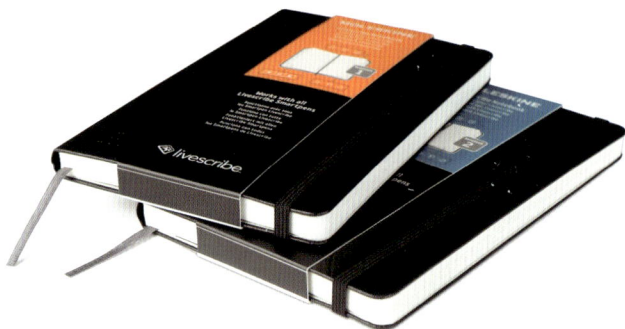

图2-1-13　Moleskine速写本

第二节　马克笔用法及特性

2.1　马克笔的使用方法

在使用马克笔时，首先要注意它的运笔技巧。掌握正确的运笔技巧才能获得想要的线条和笔触。在具体绘制时，应将笔头的斜面与纸面保持平行接触，起笔后应迅速运笔至终点收笔。应注意不可在两端停留时间过长，运笔中途笔触不应扭曲或中断，笔头应始终与纸面保持平行接触。除了这种最主要的运笔方法，马克笔特殊的笔头形状还赋予了它其他的使用方法，不同品牌的马克笔的笔头也常常会略有不同，读者可根据自己的实际体验，摸索并找到适合自己的马克笔以及其他多样的运笔方法。

其次，设计人员应该了解运用马克笔手绘时的作画状态。基于马克笔自身的性能特点和独特的表现效果，在用马克笔进行上色时，必须下笔准确、肯定，不可拖泥带水。这就要求设计人员在下笔之前就要对运笔的方向、长短、色彩的效果等做出预判，胸有成竹之后才下笔，一气呵成。同时，运笔的时候应该保持放松，这样才能获得清爽明快的笔触，这也正是马克笔的表现特点。

最后，在上色时，应该将画面的素描关系放在第一位，注重整体效果，在画面统一的情况下再去追求更为丰富的细节或是更为精彩的表现效果。马克笔可以叠加使用，以获得更加浓重的色彩或者更为丰富的色彩变化，但这种叠加不宜过多，以防止污染颜色或者造成纸张的损伤。另外，读者也应注意掌握马克笔与其他上色工具（诸如彩铅和色粉）的综合运用技法，这样可以获得更为丰富多变的表现效果。

2.2 马克笔的线条与笔触

　　马克笔笔头的形状是经过无数设计师长期的设计实践逐步确定下来的。充分运用好马克笔，可以塑造出多种多样的笔触效果。但是对于马克笔笔触的选择，不仅取决于产品自身的形态属性及其所处的光照环境，还会依照设计师的表达意图而产生变化，只有大致的规律可循。

　　笔触的形式可以有点、线、面三种组合形式。其中，面形笔触多用于塑造产品的块面形体，较为完整也更为扎实；线形笔触和面形笔触组合使用，由于马克笔自身的色彩过渡表现能力较弱，因而通过笔触组合产生过渡效果就显得非常重要；最后点形笔触，虽然运用较少，但合理的使用常常能带来出彩的效果，它的特点是活泼灵活，可以用来方便地调和画面。

　　其他常用的笔触还包括平涂笔触（横向平涂、纵向平涂）、衰减笔触（同一笔触内衰减、不同笔触被衰减）、线条渐变笔触等（图2-2-1）。

图2-2-1　水性马克笔的笔触　Chris Hilbig绘

2.3 物体单色与彩色练习

　　正如前文所述，当我们在使用马克笔进行上色时，首先应理清的是素描关系，其次才是色彩关系。因为失败的素描关系会导致物体失真，这样一来，无论多么出众的色彩表现都无济于事了。单色上色练习可以从运用灰色系马克笔塑造物体明暗调子开始，体会马克笔在塑造物体光影和透视效果上的作用，并熟悉马克笔的上色技法。之后可以开始其他单一色彩和多色彩的上色练习。

初学者在进行上色练习时，可参考以下几种方法。

① 先用灰色系马克笔绘出画面中的物体的基本明暗调子，选用冷灰还是暖灰需视产品的固有色和光环境而定，一般情况下，冷灰较暖灰更为常用（图2-2-2）；上色时通常可遵循先固有色、再环境色、最后深颜色加强暗面的顺序。

② 马克笔有一定的覆盖能力，上色时可遵循先浅后深的顺序。

③ 用马克笔上色时，运笔多以排线为主，如何根据物体的形体转折和光影变化组织排线，需要学习者在练习中多用心体会，其他诸如点笔、晕化、留白等上色笔法也需视情况灵活运用。

④ 笔触的变化应配合色彩的变化，共同作用，一起增强所绘物体的表现力。

⑤ 慎重使用纯色，纯色大多作为局部的调整和点缀之用，使用过多会使画幅显得凌乱，使用面积过大又会使产品失去真实感（图2-2-3）。

图2-2-2 马克笔的简单应用 Jimi Brown绘

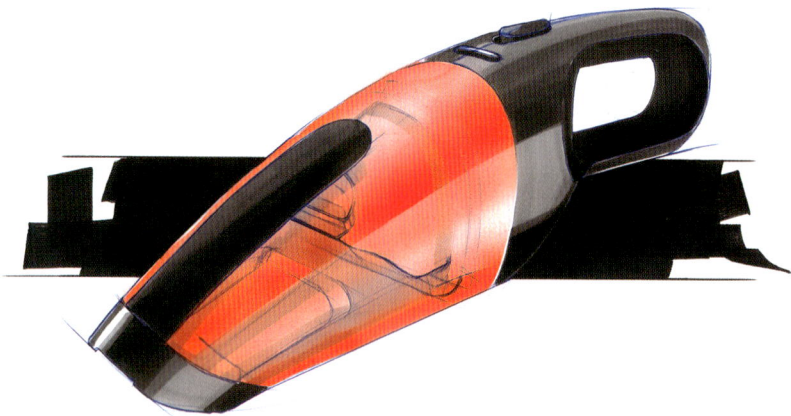

图2-2-3 马克笔、色粉综合应用 Begüm Tomruk绘

第三节　数字化手绘工具及常用软件

3.1 硬件外设

（1）数位板

数位板，又称为手绘板、绘图板等，是一种计算机输入设备，由一块电子画板和一支数位笔组成，需配合手绘软件使用。与其他手写输入方式相比，数位板的主要特色是具备压力感应功能，压感级别越高，越可以表现出线条的细微变化，越接近纸上手绘的效果。随着科技的进步，主流数位板的压感级别已经发展到2048级。通常数位板的尺寸有4英寸、6英寸、9英寸等，尺寸越大，可利用的活动区域越大，相应地就越难携带，而价格也越高。

目前，使用最广泛的是Wacom公司的产品，其产品线从Bamboo Fun系列到Intuos系列，可以满足从初学者到专业设计师、插画师的不同需求（图2-3-1）。此外，还有汉王等品牌可供选择。

图2-3-1　Wacom公司的Intuos系统数位板

（2）数位屏

数位屏，又称手绘屏，是集输入、输出功能为一体的计算机辅助设备，一般由液晶屏、数位笔、电源、支架等部件组成，数位屏是数位板的升级产品。在数位板上作画，手眼不可能合一，因此也就不可能提供与真实纸笔作画完全相同的使用体验。除了空间错位外，数位绘画板还存在比例错位的问题，也就是说，绘画区域与显示区域无法实现1∶1的比例对应。这些错位问题使很多用户一时间无法适应数位板的操作，而数位屏的出现则有效地解决了这些问题，但是七八千甚至过万元的售价让其很难得到普及。目前最主流的数位屏产品是Wacom公司的Cintiq系列（图2-3-2）。

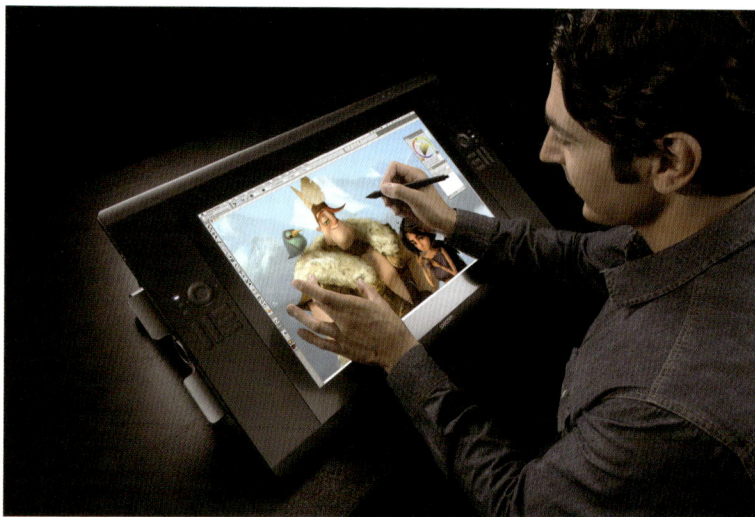

图2-3-2　Wacom公司的Cintiq系列数位屏

（3）其他设备

随着科技发展，新的工具不断出现。比如Wacom公司推出的Inkling，可以用于一般笔记本或纸张上直接进行书写，其拥有传统墨水笔尖与1024级的数位感压，按压夹在纸张或笔记本上的接收器即可轻易创建新图层，再经由USB将接收器与PC或Mac连接后，即可使用内附的Sketch Manager软件浏览所有的书写内容，甚至也可以在Adobe Photoshop、Illustrator等软件中直接对手绘作品进行编辑。更重要的是，使用者还可以留有一份传统而可靠的纸张原稿备份（图2-3-3）。

图2-3-3　Wacom公司的Inking系列产品

随着平板电脑尤其iPad系列产品的普及，市面上也出现了很多可以配合平板使用的、具备一定压力感应功能的电容笔产品，比如Wacom Intuos Creative Stylus、Adonit Jot touch、Adobe Ink&Slide（图2-3-4）等，它们极大地提升了使用平板电脑绘图的体验。苹果公司2015年推出的iPad Pro及Pencil、Microsoft公司的Surface系列、三星的Note系列产品等，都是具备压力感应的产品，它们帮助设计师和手绘爱好者们克服了传统手绘表现对工具和场所的局限。

图2-3-4　Adobe Ink&Slide

3.2 常用绘图软件简介

（1）Photoshop

Adobe Photoshop，简称"PS"，是由Adobe公司开发和发行的图像处理软件。

Photoshop主要处理以像素所构成的数字图像，使用其丰富的编修与绘图工具，可以高效地进行图片编辑工作，也可以绘制或者处理各种风格和题材的作品。

在经历过多次升级迭代以后，2013年7月Adobe公司推出了最新版本的Photoshop CC，自此Photoshop CS6作为Adobe CS系列的最后一个版本被新的CC系列所取代。

（2）Illustrator

Adobe Illustrator是Adobe公司推出的另一款图形制作软件。其软件界面和工具都与Photoshop相似，最大的不同点在于，Illustrator是一款矢量绘图软件。通常图像可以是光栅、矢量形式，或者两者的组合。光栅图像由像素网格构成，在放大时会显得模糊或呈锯齿状；相反，矢量图像是由光滑的曲线和直线（也就是路径）构成的，它能够以任意比例缩放而不会降低图像的质量。

2013年Adobe公司发布了最新版本的Adobe Illustrator CC，支持云端同步和分享等新功能。

（3）SketchBook

Autodesk SketchBook是一款新一代的自然画图软件，软件界面新颖动人，功能强大，仿手绘效果逼真，笔刷工具分为铅笔、毛笔、马克笔、制图笔、水彩笔、油画笔、喷枪等。SketchBook有两个版本，其中SketchBook Pro更轻量化，更接近于自然作画的过程，界面简洁，操作较为方便快捷；SketchBook Designer增加了矢量化的图形绘制，图层上也有矢量和位图两种，功能更为强大。矢量绘制的功能降低了手绘技巧的要求，很容易画出流畅的图形，但是功能增加的同时，操作界面也相对复杂，以致操作上相对SketchBook Pro而言会稍显不便。其定位是面向于专业的创作，或有精细绘图要求的场合。

此外，Painter、Sai等也是比较常用的绘图软件。同时，近些年来各种移动端的应用程序不断涌现，为人们生活的各个方面带来了便利。这些App自然也为手绘爱好者提供了更多的选择，比如Procreate、Paper、Artstudio等。

3.3 工具的综合应用

在产品设计手绘表现中，面对不同的表现对象和效果要求，每一种表现工具都有其自身的优势和劣势。在对工具的特性有了基本的了解以后，合理地综合使用不同工具快速而高效地完成表现作品，也是设计师应有的素养。

这里以保温杯手绘的案例向大家简单说明。

设计者：Kelly Custer。

Step1：用纸和笔探索设计方案的可能性、推敲结构和细节，进而选择可以深入发展的概念方案（图2-3-5）。

图2-3-5 探索设计方案的可能性、推敲结构和细节，选择可深入发展的概念方案

Step2：将选定的方案草图导入到Photoshop等软件中，调低透明度（图2-3-6）。

Step3：使用基本色块填充设计方案中的各个元件。建议使用图层工具，以便后续的修改（图2-3-7）。

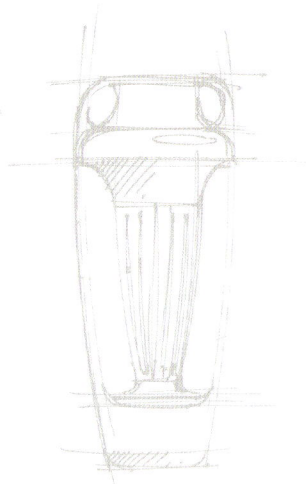

图2-3-6　将选定的方案草图导入到
Photoshop等软件中，调低透明度

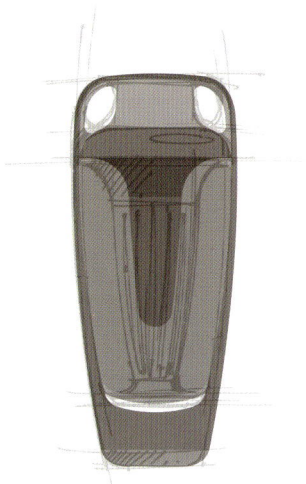

图2-3-7　使用基本色块填充设计方案
中的各个元件

Step4：隐藏线稿，选取并调整每个部件的颜色（图2-3-8）。

Step5：初步表现每个部件和材质的光影效果，并增加产品在地面上的投影（图2-3-9）。

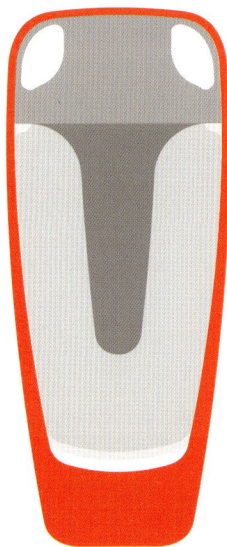

图2-3-8　隐藏线稿，选取并调整每个
部件的颜色

图2-3-9　初步表现每个部件和材质的光影效
果，并增加投影

Step6：增加材料的肌理特征和高光等细节，深入刻画每种材料的特征（图2-3-10）。

Step7：为了更好地表现出产品的体量和使用方式，增加人手等辅助表现的元素。同时适当地加入手绘线条以使画面更加活泼（图2-3-11）。

Step8：加入对设计细节的说明文字，完成最终的表达方案（图2-3-12）。

图2-3-10 增加材料的肌理特征和高光等细节

图2-3-11 增加人手等辅助表现的元素，表现出产品的体量和使用方式

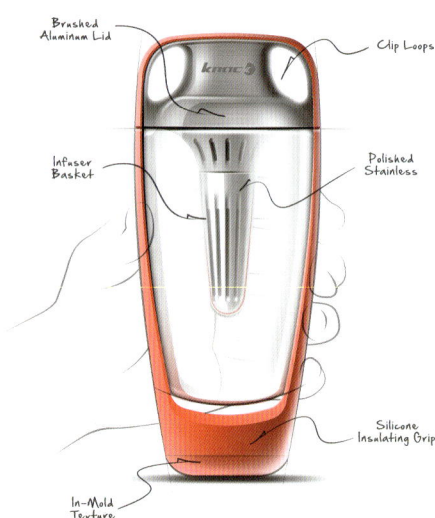

图2-3-12 加入对设计细节的说明文字，完成最终的表达方案

以上只是来自设计师Kelly Custer的一个关于手绘工具综合使用的简单案例说明。事实上，每一种表现工具，无论是传统的纸笔，还是计算机辅助设计软件，都有其各自的优势和短板，应该针对不同的表现对象和内容合理进行选取。此外，每位设计师都会有自己的表现风格和选取工具的偏好，希望本书的读者们可以在手绘练习过程中去探索和选择最适合自己的方式，形成自己的手绘表现特色。

思考与练习

选择寝室中的一件日用品，综合使用纸笔和计算机辅助设计软件完成手绘表现图，并展示手绘过程。

第三章　产品设计手绘基础

第一节　透视

　　想要绘制一幅准确而又便于理解的产品手绘，透视原理对于设计师来说就成为必须要掌握的内容。面对一幅透视失准的草图，即便是一个不懂透视原理的观者，他也可以根据日常生活建立的视觉经验感觉到问题的存在。

　　就理论而言，透视原理是指在平面的画纸、画布等材料上创造立体物体、立体空间的一种方法，是把不管是观察到的（客观存在）还是想象中的（理论基础上）信息转化成一种在平面上体现立体形状和空间的绘图语言或系统。

　　正确地运用透视原理进行绘图，可以塑造出准确、完美的画面形态，营造出立体感和空间感，塑造出真实可信的产品形象，最终帮助设计师通过手绘有效地传达设计信息。

1.1　透视法的不同类型

1.1.1　透视理论分类

　　透视理论通常被划分为两个部分：科学透视法（机械透视法）和徒手透视法。科学透视法是以方法论和几何学为基础；而徒手透视法是以对空间的形状的观察和理解为基础，是对透视理论更为直觉的表现手法。徒手透视法，顾名思义，就是不借助于绘图工具而徒手进行作图，主要依赖于视觉感受来判断诸如点、深度、比例和角度，准确度是靠设计师的经验和主观判断。相反，科学透视法则常常借助于尺规等绘图工具，严格依照透视理论和几何方法来进行绘图。

　　在学习透视时，能够区别用线来表现的透视和用塑造气氛来表现的透视也是十分重要的。线条表现的透视要求表现出观察者从不同角度观察物体时的形状、线条、尺寸是如何发生变化的。不同于绘画作品，在产品手绘中观察者的位置通常是预设的，并较为程式化，只为合理地展示产品即可。而气氛表现的透视则表现了产品某些部分远离观察者时所显露的特征。例如，物象清晰度和色彩对比度的下降等，将在后文中详细加以表述。这种不以数学和几何为基础的气氛透视法是线透视法的有力补充，合理地相互结合使用二者，将能更有效地塑造产品及其所在的空间。

1.1.2 科学（机械）透视法对于学习产品手绘的意义

运用徒手绘图方法来表现透视是设计师在大多数情况下的选择，因为以纯粹徒手的方法来探索和表现透视原理，能让绘制过程得到简化，在技法纯熟的设计师笔下效果也很理想，这样手绘就变得轻松快捷，也更方便于设计实践。

但是科学透视法对于手绘学习者来说还是有其不可替代的重要意义的。这不仅仅是由于运用科学透视法，借助相应的简单绘图工具，可以绘制出精确度远高于徒手绘制法的透视图，也是因为科学透视法的练习过程实际上是手绘学习者最高效的训练手段。练习科学透视法作图，有助于初学者扎实深入地理解透视理论，并逐步让其熟练规范合理的作图流程和思维方式。当这些形成习惯，设计师就可以自由轻松地运用手绘表现自己的设计概念了，而这些养成的习惯、方法和思维方式将会极大地促进学习者手绘能力的提高，并长久地有益于他们今后的设计实践。

1.2 透视基本术语介绍及解析

（1）目点（SP）
设计手绘中目点通常为想象的观察者的位置。

（2）视平线（EL）
视平线即目点高度所在的水平线。它是一幅透视画作中的重要参考线。

（3）画平面（PP）
画平面即作图的纸面，理论上是一个想象的平直透明的表面，我们在其上作画。画面位于观察者和被画物体之间，纸面代表了无限画面的一部分。

（4）地平面（GP）
地平面，也称基面，即搁置物体的表面。

（5）地平线（GL）
地平线，也称基线，表示画平面与地平面的重合部分。地平线总是与视平线或水平线平行。地平线与水平线之间的可测距离可以反映手绘作品中与所确定的比例有关的观察者的视线。

（6）视域锥体（COV）
视域锥体是观察者在任一时刻能够清楚看到的，并且仍然在焦点上的一个有限的区域。它可以被想象成一个以目点为锥点的锥体视域，超出这个视域锥体之外的物体将会产生明显的误差变形。

（7）中心灭点（CVP）
中心灭点是所有垂直于画平面的线或者边的交点。中心灭点应用于一点透视中，直接位于观察者目点的前方，与观察者的视平线相交（成90°直角）。

（8）特殊灭点（SVP）
特殊灭点是用来测量按透视原理缩小的线、边、面以及其他结构的灭点。它是一条或多条倾斜的测量线与视平线或水平线的交点。

（9）辅助灭点（AVP）

辅助灭点是为平行线、消退对角线上的边或者斜面服务的，比如有角度的盒盖、屋顶或楼梯等。辅助灭点从不位于视平线上，但它位于视平线灭点处至延伸出去的适当位置上。

（10）倾斜测量线（DML）

在一点透视中，倾斜测量线被用来确定一个等边立方体的真实深度。在一点或两点透视中，被用来确定与标准立方体或者基本立方体的固定比例关系，通常位于视平线或者地平线上的特殊灭点上。

1.3　一点透视

一点透视，也称为平行透视。

确定使用一点透视所必需的条件是：立方体的一个平面或表面必须平行于画平面或视平面；是观者正面观察立方体；在立方体的三组平行线中，正视面保持无透视，与画面垂直的平行线交于目点，也即为一点透视灭点。

具体画法如下：

① 确定绘图比例（例如1m=1dm）。

② 画出水平线或视平线（HL/EL），并沿着视平线标出一些用作测量的水平单位作为标尺，应和上一步中所确立的比例保持一致。

③ 确定中心灭点（CVP）。把它放置在一点透视中水平线的中心位置上。

④ 放置左右特殊灭点（SVPL/SVPR）。与中心灭点相关的左右特殊灭点的位置由目点（SP）的位置所决定，这会告知我们观察者和画面之间的距离。特殊灭点的位置和倾斜测量线（DML）一起使用能够确定一点透视中立方体的确切深度。

⑤ 基于视平线或水平线的高度，确定地平线的位置。依据比例，通过测量从水平线到地平线的垂直距离画出地平线。

⑥ 画出一个以中心灭点为圆心，圆周经过左右特殊灭点的圆来确定视域锥体（COV）。视域锥体的直径和穿过中心灭点的左右特殊灭点之间的距离相等。所绘立方体都必须位于视域锥体之内。

⑦ 根据所建比例，在地平线上画出立方体的前表面。

⑧ 从立方体的每一个节点向中心灭点画出一条灭线。

⑨ 画出从每一个立方体底面的角到对应的特殊灭点的倾斜测量线（DML）。此倾斜测量线和立方体底面的汇聚线的交叉点标示出了立方体背后的平面向上收缩的确切深度。

⑩ 利用这个相交的点，以一个平行于立方体前平面的方形建立立方体的后平面，连接所有的灭线，这样一个精确的一点透视立方体就完成了。这个立方体可作为绘图中的标准立方体或基本立方体，为手绘中后续所画的所有立方体确立了比例（图3-1-1、图3-1-2）。

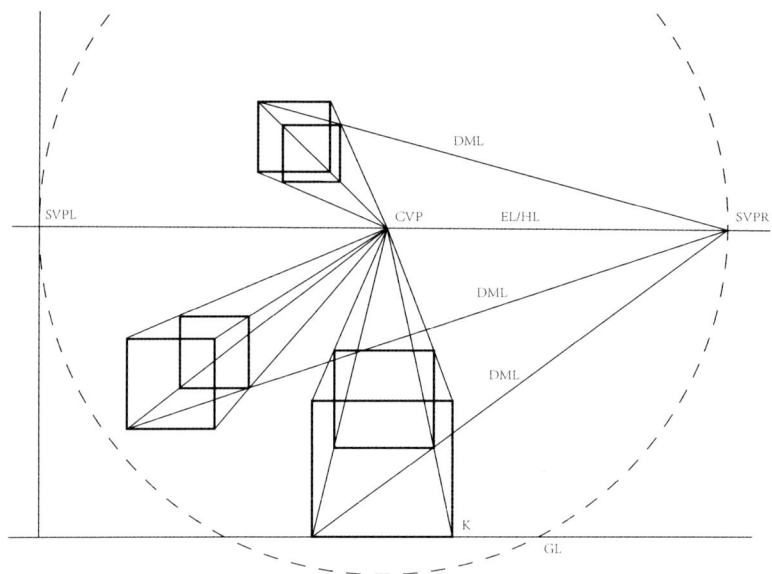

图3-1-1　运用一点透视法绘制立方体图1

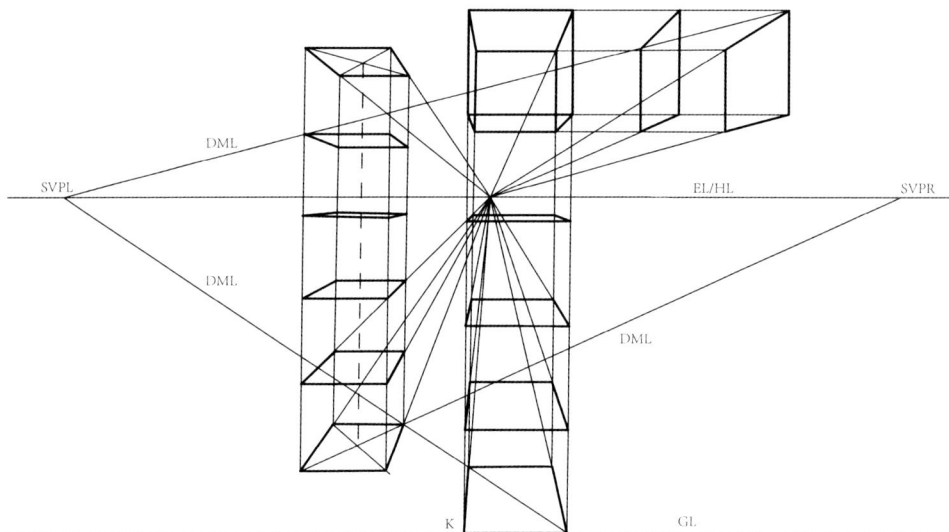

图3-1-2　运用一点透视法绘制立方体图2

1.4 两点透视

确定使用两点透视的条件是立方体或类似物的平面与画平面或视平面没有平行关系。最靠近于画面的立方体的边被称为主边。

其具体画法如下：

① 首先为绘图确定比例（例如1m=1dm）。

② 画出水平线或视平线（HL/EL），并沿着视平线标出一些用作测量的水平单位作为标尺，应和上一步中所确立的比例保持一致。

③ 设置中心灭点（CVP）。通常把它设置在两点透视中水平线的中心位置。

④ 设置左右特殊灭点（SVPL/SVPR）。目点（SP）的位置决定了与中心灭点相关的左右特殊灭点的位置，这也反映了观察者与画平面之间的距离。举例来说，以前文所定比例，左右特殊灭点分别位于中心灭点左右1dm的地方，那么你所建立的目点离画面的距离就是1m。

⑤ 基于视平线或水平线的高度，确定地平线的位置。依据比例，通过测量水平线到地平线的垂直距离画出地平线。

⑥ 画出一个以中心灭点为圆心、圆周经过左右特殊灭点的圆来确定视域锥体（COV）。视域锥体的直径和穿过中心灭点的左右特殊灭点之间的距离相等。所绘立方体都必须位于视域锥体之内。

⑦ 在视域锥体中画出位于地平线上的立方体的主边。

⑧ 画出主边的上下端点到左右特殊灭点的灭线。

⑨ 确定立方体的深度。立方体透视中缩短的平面越接近灭点，其长度在视觉上就显得越短；反之，越远离灭点，在视觉上其长度就显得越长。其中，主边作为最前面的边是不受透视变形影响的正垂线，因而在两点透视中主边总是比其他边更长。

⑩ 当立方体的深度确定后，我们可以连接主边底部到顶部灭线间的垂线。

⑪ 分别连接两条垂线端点至左右特殊灭点的灭线。

⑫ 最后用垂线连接这些灭线的两个交点，这样一个两点透视立方体就完成了。这个立方体可作为绘图中的标准立方体或基本立方体，为手绘中后续所画的所有立方体确立了比例（图3-1-3、图3-1-4）。

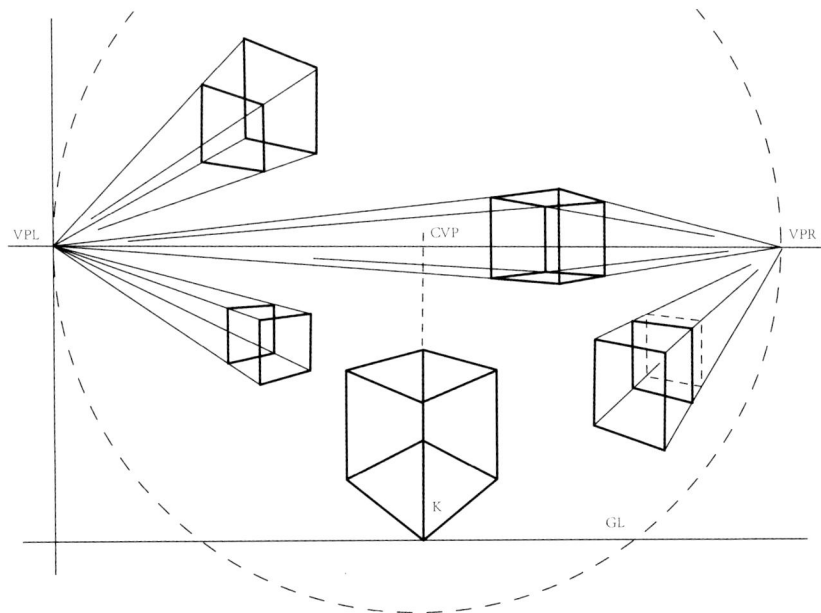

图3-1-3 运用两点透视法绘制立方体图1

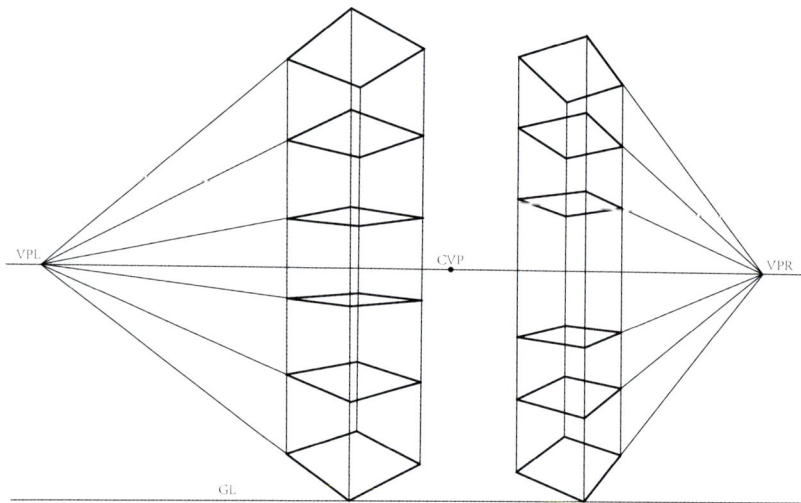

图3-1-4　运用两点透视法绘制立方体图2

1.5　圆的透视绘制技巧

　　正圆在透视情况下形变为椭圆，那么如何正确地绘制这些椭圆来表现透视中的正圆呢？我们需要了解正圆的八点法绘制技法。如果正圆被精确地放置于正方形内，那么它将会和正方形4条边的中点相切，同时又会和正方形的两条对角线产生4个交点，利用这一点，我们可以借助正方形来绘制正圆。同样的，如果我们掌握了上文讲述的构建透视立体的方法，那么我们也可以基于这一原理，依靠八点法和标准立方体来精确绘制透视圆。

　　运用八点法绘制透视圆，须准确标出正方形中的这8个点，这些点将成为透视圆绘制中的参考点。其中，4个与正方形的切点很容易找到，即为正方形各边中点；另外4个与对角线的交点，大致位于半条对角线的外端三分一处，如图3-1-5所示。注意，对于透视正方形而言，由于透视缩小，三分之一的分割点与实际测量值是不会相符的，因此这里估计的三分之一交点的方法是可取的。

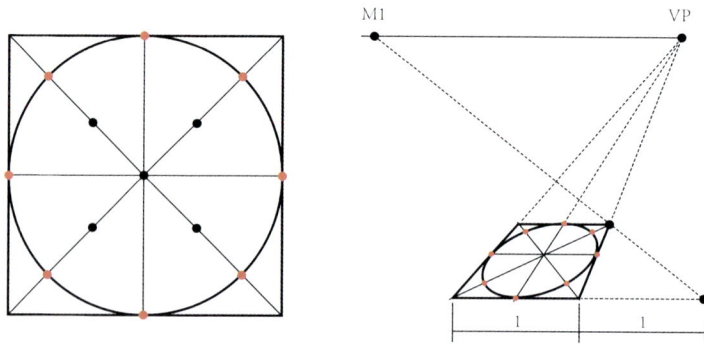

图3-1-5　运用八点法绘制透视圆

1.6 斜面的透视法绘制技巧

斜面在产品手绘中十分常见，比如打开的笔记本电脑、旅行箱或是售票机的操作台面等，因此对于斜面的透视绘图技法，学习者务必掌握。透视中的斜面既不平行也不垂直于地面，所以垂直平面或水平面的透视构建规则并不完全适用于斜面。

为了表现透视斜面，我们必须了解任何相对于地平面来说既不垂直也不平行的消退边，都会汇聚在位于左右灭点上下方的一个共同的灭点上。其中，左右灭点的垂直延长线被称为垂直轨迹，垂直轨迹上的任一灭点，我们称之为辅助灭点（AVP）。

当一个斜面成向上角度远离我们，辅助灭点会位于相应的灭点上方。辅助灭点被放置在灭点上方多远的位置由倾斜的角度决定。当倾斜斜面向下远离我们时，辅助灭点则位于相应灭点的下方，位置也由倾斜角度决定（图3-1-6）。

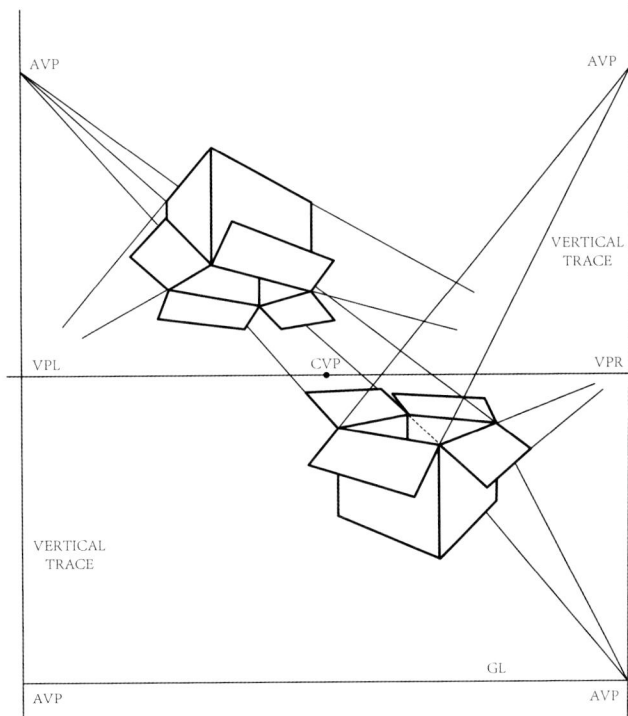

图3-1-6　斜面透视技法绘图示例

1.7 运用画面气氛来表现透视的方法

除了线性透视技巧外，设计师还可以借助画面气氛营造来表现透视，这种气氛的形成是多方面的。例如，随着空气的阻隔，物象的清晰度、对比关系、细节和色彩表现都会受到影响。其中，色彩在暗示透视深度上非常重要。近距离的物体的色彩饱和度与对比度都应较高；随着距离的增加，视觉上的色彩和明暗的对比度都会降低。细节和清晰度也是如此。最后当距离足够远时，物体会变得模糊难辨。

对于这种气氛的表现，通常可以借助"色彩透视法"（具体内容详见本章色彩一节）、"空气透视法"和"隐没透视法"来实现。这种不以数学和几何学为基础的气氛透视法是线透视的有力补充，两者结合使用，将能够更为有效地表现产品及其所在的立体空间。

气氛透视法在产品手绘中运用的极端情况，就是所谓的"隐没透视法"。对于产品手绘而言，即便是绘制大型产品，三点透视也极少有运用的机会，它多应用在垂直角度体量巨大的建筑手绘中。更多的情况下，隐没透视会更为常用。

绘制大型产品时，会产生隐没透视的现象，这样可以凸显产品的尺寸。不过，在绘制较小产品时也可以选择性地使用，从而夸张地表现出空间深度感。这种方法绘制的物体，会在透视方向上逐渐消失，情形类似摄影中照片失焦的效果（图3-1-7）。

图3-1-7 卡车手绘效果图 Njegos Lakic绘

1.8 视角

1.8.1 视角选取的一般规则

视角就是观察产品时，视线与产品所在平面形成的角度。一般来说视角取决于三个方面：

① 必须能够最大限度合理地展示设计构思、产品的主要特征和重要细节。

② 必须有助于确定产品的比例尺度。较小的产品一般都会从上面观察，而较大产品的观察视线则会相对较低。

③ 必须足以引起观者的兴趣，使产品的主特征和功能面占据主要画面。

1.8.2 程式化的主视角选取方法

不同于绘画作品需要探索不同视角来寻求表现上的突破，产品手绘中的视角主要是服务于展示产品本身，因此视角的选择较为固定且程式化，特征明显。这里所谓的"程式化"是指在产品手绘实践中，存在一种高度套路化的表现方式。学习者首先可以通过解析一些优秀手绘作品来了解这一方法，之后也可以在产品设计过程中不断归纳和总结出自己的经验。

具体来说，在这种程式化的手绘表现中，光源通常设定为左上方，产品顶部为亮部，主视面为灰部，侧视面为暗部；产品摆放角度多为30°、60°或45°；背景的处理只需将产品衬托出来，表现其存在于相应的三维空间中即可；阴影的塑造是要体现物体是放置在地面或桌面上的（图3-1-8）。

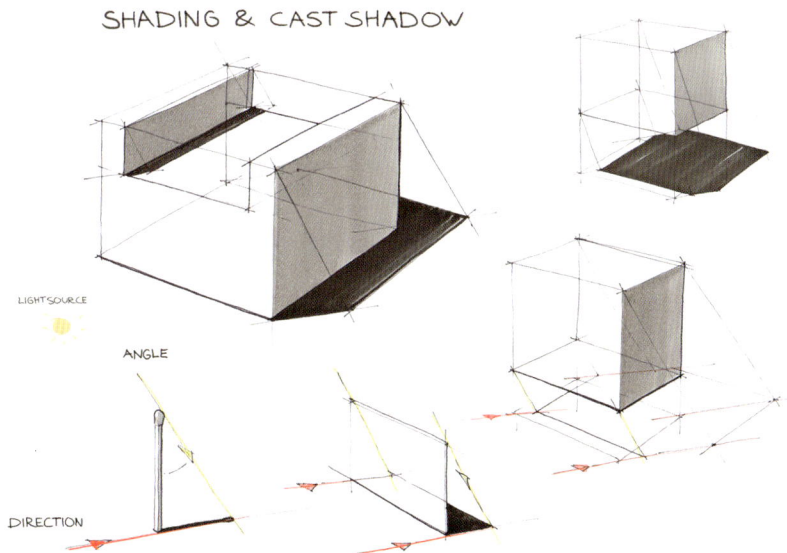

图3-1-8　阴影投射的基本原理

1.8.3 多视角与特殊视角

产品手绘需要能够尽可能完整和清晰地表达设计师的设计意图，但产品本身的功能和造型信息却往往是分布于产品的不同形面上的，单一视角是无法将这些信息都一次性表达清楚的，这时设计师就可以通过选取多个视角的绘图方法来解决这个问题（图3-1-9）。

同样的，对于一些造型特殊或设计师寻求特别强调和夸张的情况，往往还会选取一些特殊视角来进行表现（图3-1-10、图3-1-11）。

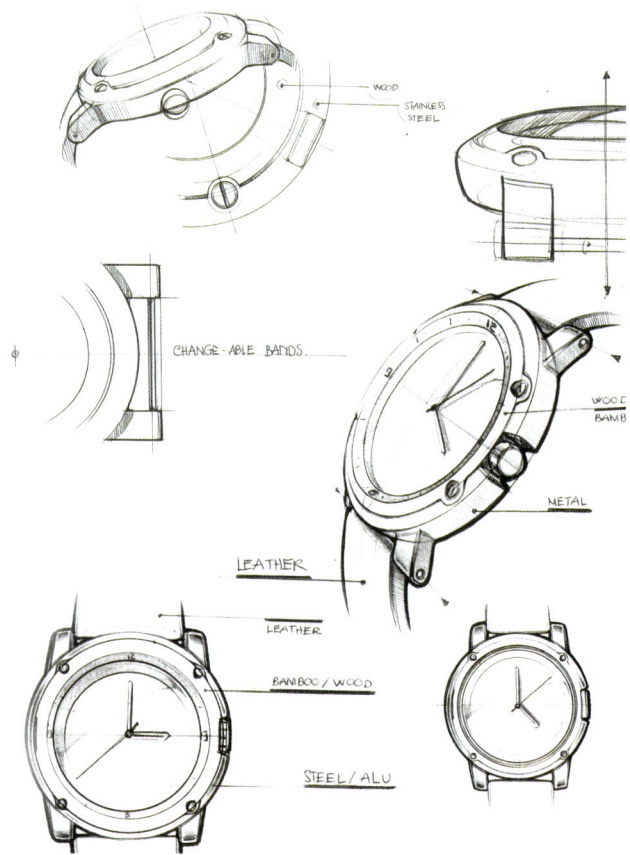

图3-1-9 手表设计方案 Neo Nguyen绘

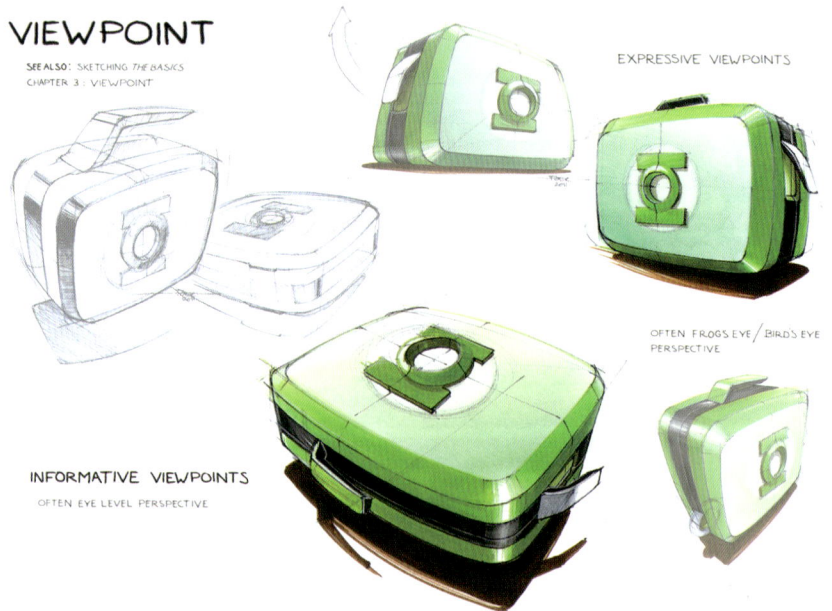

图3-1-10 选取表现的视角

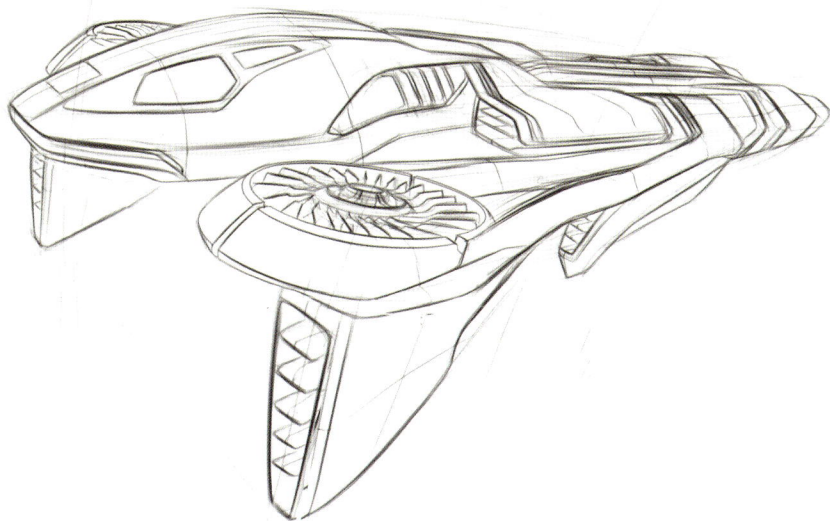

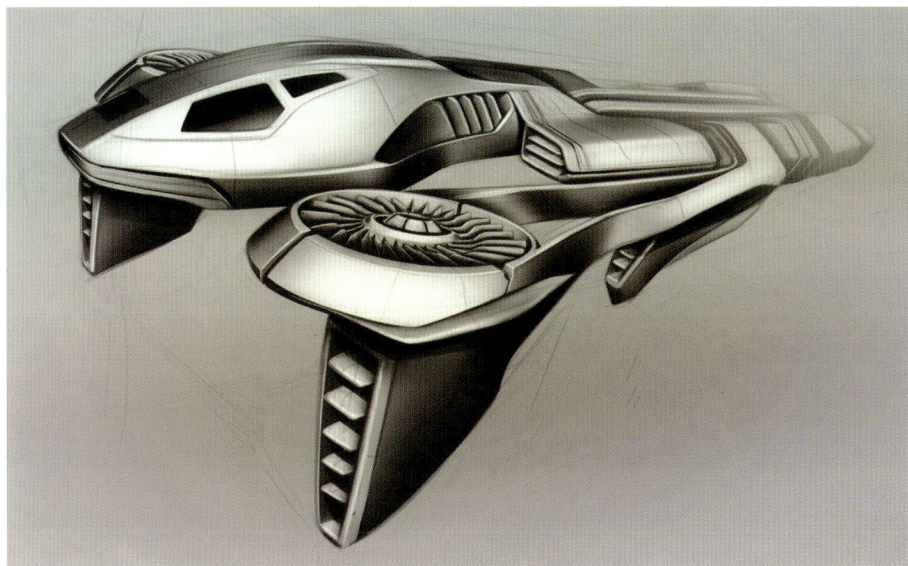

图3-1-11　概念飞行器手绘图　Prathyush Devadas绘

第二节　线条

　　任何产品手绘的绘制过程都是从一根线条开始。在学习了透视原理之后，就需要用线条的绘制将其落实到纸面上。线条既是最基本的构形要素，也是最具感染力的表现要素。作为手绘要素，这里隐含了对线条两个方面的基本要求，即构形准确，同时具有一定的艺术表现力。本节将就这两点及其绘制与练习方法做详细的阐述。

2.1 线条的分类

(1) 轮廓线

轮廓线反映了光源照射下，物体形体与所在空间的分界关系。它包含产品整体形态与背景之间形成的整体轮廓线和产品本身结构存在的前后空间关系而形成的局部轮廓线。绘制轮廓线，其目的在于确定边缘，包括物体的表面边缘与内部边缘。需要注意的是，纯粹的轮廓线一般不能有涂抹或者修改的痕迹，并且它会随着透视的变化而产生变化（图3-2-1）。

图3-2-1　汽车手绘图　Prathyush Devadas绘

(2) 分型线

分型线是指因为工业产品生产、拆卸和拼装的需要，两个组件外壳之间产生的缝隙线。通过对产品分型线的绘制可以让产品设计更加贴近生产和现实，增添了必要的细节，从而让产品更加严谨成熟，真实可信（图3-2-2）。

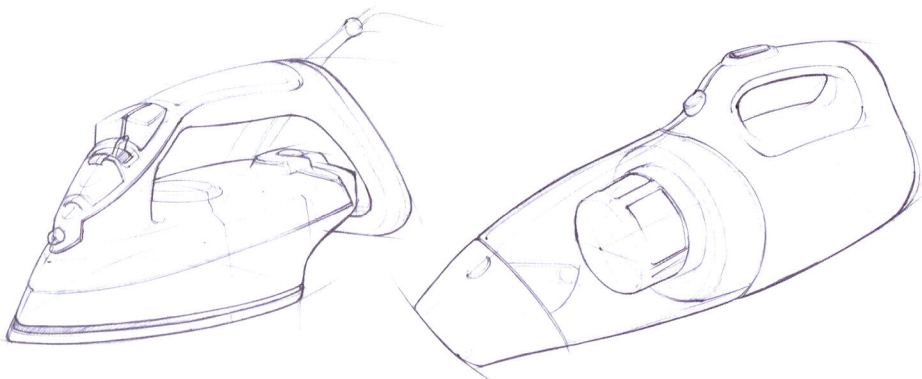

图3-2-2　小家电方案草图　Begüm Tomruk绘

（3）结构线

结构线是指产品各组件自身因面与面之间发生转折和形体变化而形成的分界线。这种转折与形体变化关系真实存在于产品形态表面，决定了产品绘制形态的骨架。结构线的绘制有助于诠释产品的内在结构，通过线条展示产品各个面的方向趋势，进而可以大大增强画面的立体感与空间感。

另外，结构线中存在一种特殊类型，那就是渐消线。它是产品形体的尖锐剖面过渡到顺滑剖面时形成的逐渐消失的结构线（图3-2-3、图3-2-4）。

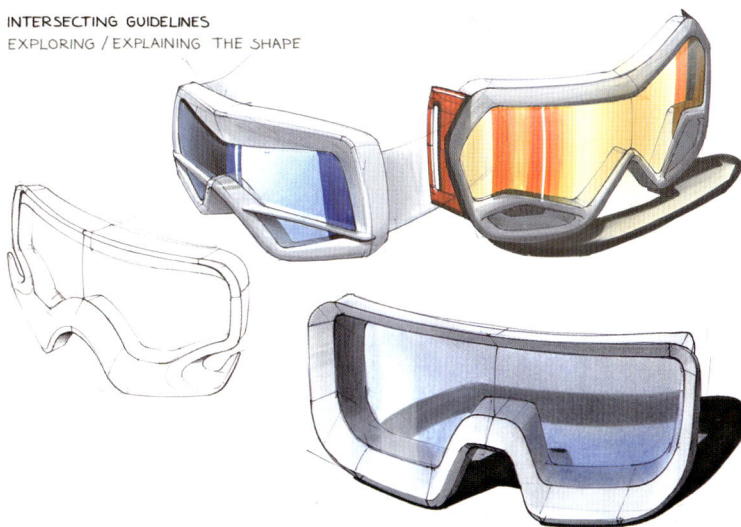

图3-2-3 结构线示例1

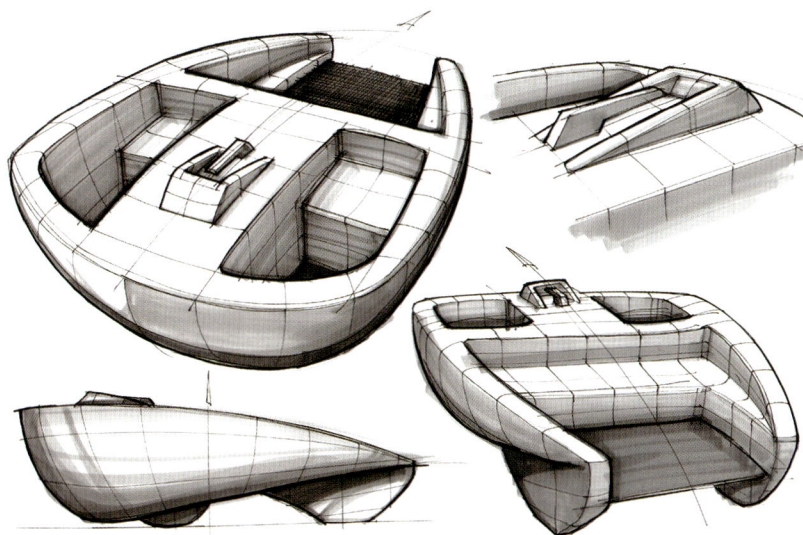

图3-2-4 结构线示例2 Guillaume Allemon绘

（4）剖面线

剖面线是指为了更好地说明产品的结构和形态，假想将物体切分而形成的断面线。它在产品形态表面并不存在，是工业产品手绘中常常用到的一种特殊线条。因为在产品手绘前期，产品的形态、结构等因素，往往难以以单纯的分型线和结构线准确直观地表达一些变化丰富的造型，而剖面线能够极其鲜明地表现出产品形态的固有结构和特征，因此我们需要借助剖面线来补充说明我们想要表达的设计形态（图3-2-5）。

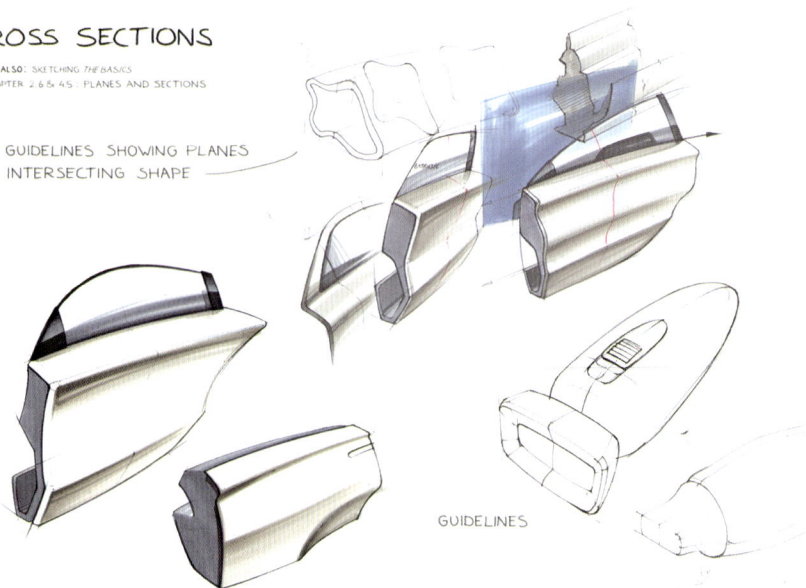

图3-2-5 剖面线示例

（5）辅助类线条

这类线条除了包含一般绘图时需要的组织线与参考辅助线，还包括过程线、探索线和更改线。这类线条通常在手绘过程中承担辅助角色，帮助组织画面、控制形体或是用于对比与推敲。在成熟的手绘表现中，它们通常会不留痕迹地融入画作，非但不会使画面显得凌乱，相反，还能展现出设计师思维的闪光以及四溢的艺术表现才华，甚至是强烈的个人风格（图3-2-6、图3-2-7）。

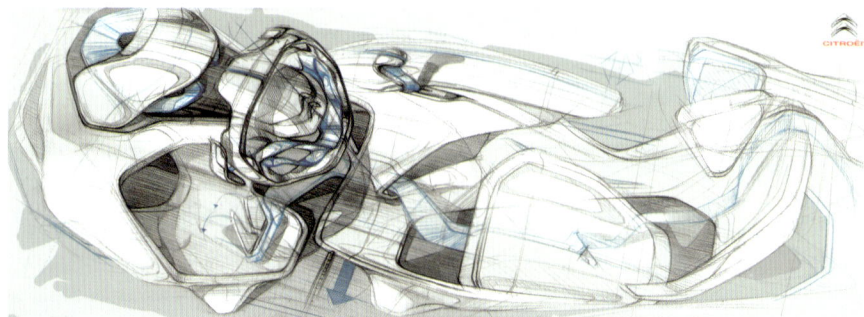

图3-2-6 雪铁龙概念车设计 Clement Poree绘

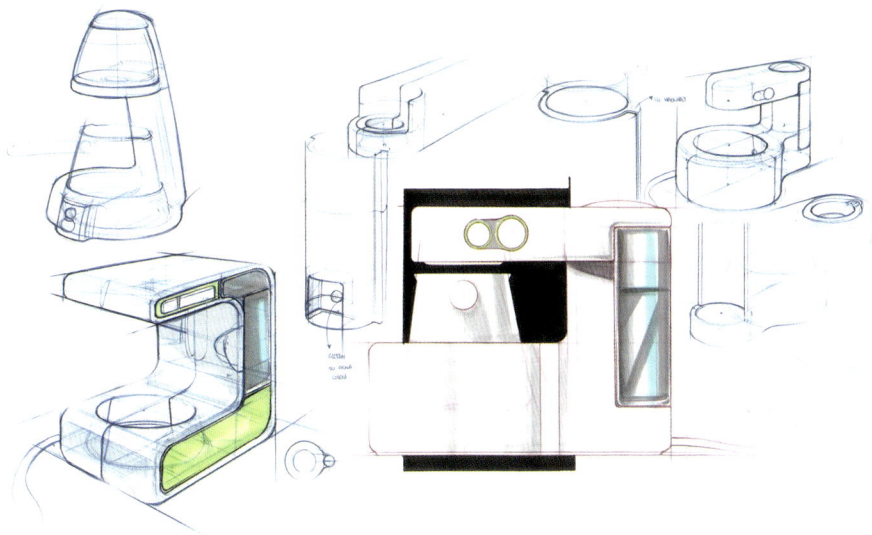

图3-2-7 小家电方案草图 Begüm Tomruk绘

2.2 线条的准确性

线条的准确性是对线条最基本的要求。这里的准确性是指线条的正确性与精准性。

具体来说，正确即要求线形的选择是合理的。举一个最基本的例子，就是产品手绘的对象是工业制品，轮廓边缘通常都是机械加工形成的，因此产品手绘的线条应该是光滑利落的，这和室内、建筑手绘中使用的线条是完全不同的。但更多的时候，线形的选择要比以上的例子更复杂一些，这不仅是因为产品本身的多样性，也是由于线形本身有着不同的划分标准以及各自的表现功能。因此，需要手绘学习者在熟悉理论的基础上于平时的练习和实践中加深理解、积累经验。

相较而言，精准性在理论层面上看则十分简单，就是要求设计师在绘制线条时有一种"指哪儿打哪儿"的能力，随时可以不加思考地画出想要的方向和落点的线条。这项技能对于设计师来说至关重要，只有掌握了它，设计师才能在手绘时自由挥洒，无所挂碍，真正专注于设计本身，而不被粗疏的手绘技巧所牵累。这种能力掌握起来并不十分困难，只要运用正确的学习方法，是可以通过一定时间和一定量的训练获得的，具体的练习方法将在后文中阐述。

2.3 线条的表现力

2.3.1 线条的变化性与敏感性

画面中的线条都有着各自明确的作用，有的强调整体关系、比例关系、透视关系和体量关系，有的则表现物体特征、形态变化、结构关系和局部细节。而当这些线条被组织在一起，又会在其之间产生一些关系，或呼应或对比，抑或主次有别。很难想象，深浅一致、粗细相同的线条组成的画面可以清晰而富于美感地表达设计。而这正是初学者经常需要面临的一大问题，他们常会忽略了这种对线条表现力的关注，或是不知道该如何处理和表达这些关系。这样的结果，通常会导致无法绘制出真实可信、富于表现力的产品手绘，更有甚者，会引起产品信息层级的混乱而使得设计意图无法正确地得以表达。

线条各自承担不同的职能，这客观决定了它一定得富于变化。而应对线条之间的关系，需要强调的就是线条的"敏感性"。敏感性，即要求所绘的线条有很强的感觉能力，对来自内部和外界的影响有敏锐的反应能力，这种反应所呈现出的变化则完成了对关系的处理。敏感线具有表达强烈的体积、光感、质感、重量、空间感等特性的能力。特别是，它对绘制和反映内外轮廓时极为重要和有效。

线条是设计师表达产品内外轮廓的最基本工具，不同的线条之间有着很大的外在差异和各自深刻的内涵。我们没有特定的获得线条质感与敏感度的公式，有些表达方式与取舍甚至包含了设计师很多自己的个人体悟，而无论如何，这些都基于我们对于客观世界的观察。在这里我们罗列出一些如何考虑与取舍线条的变化以及表现力的规律。

2.3.2 线条处理的一般规律

（1）线条分类与产品信息表的层次

工业产品手绘一个首要的任务就是传达设计意图，因此一幅好的手绘应该能预先为观者设定好正确的"视觉流程"，从而让观者可以由主及次地了解产品。依据上文的线条类型的分类，轮廓线应首先被强调，使观者第一时间了解产品的整体形态；其次，为方便了解产品结构及各组件的构成关系，分型线也应被强调；再次，虽然结构线是产品手绘的骨架，但传递的形态信息多而结构功能信息少，因而结构线通常在轮廓线和分型线之后被强调；最后，剖面线用来解释一些形面的空间变化，增强立体感，放在最末就可以了。大致上，处理线条的轻重浓淡关系可以遵循以上这个顺序。

（2）明暗与物体的光感

在产品手绘中，明暗通常指虚拟光源照射下的光影效果。被光源照亮的部分可以用淡而细致的线条来描绘，而阴影中的边缘线可用暗而浓重的线条来描绘。另外，物体光感的强弱也会影响线条的表现方式，绘制原理与明暗强弱物体相同（图3-2-8）。

（3）物体的厚重感及张力

这一方法要求用线条来表达物体的质量感。例如，当一个物体压在另一个物体之上，接触的地方用愈发浓重的线条会让这个物体显得更加沉重。在少数情况下，内在张力也应被设计师纳入考虑。例如，一个气球，气打得越饱，那么紧绷的表面就应该用更加快速与浅淡的线条来描绘（图3-2-9）。

（4）材料与质感

不同材料、不同的质感需要用不同的线条来描绘。例如，光滑坚硬的物体需要用干净利落的笔触；而处理柔软温暖的材质，则可以放慢行线速度，或浓重，或清淡，应视具体的描绘对象而定（图3-2-10）。

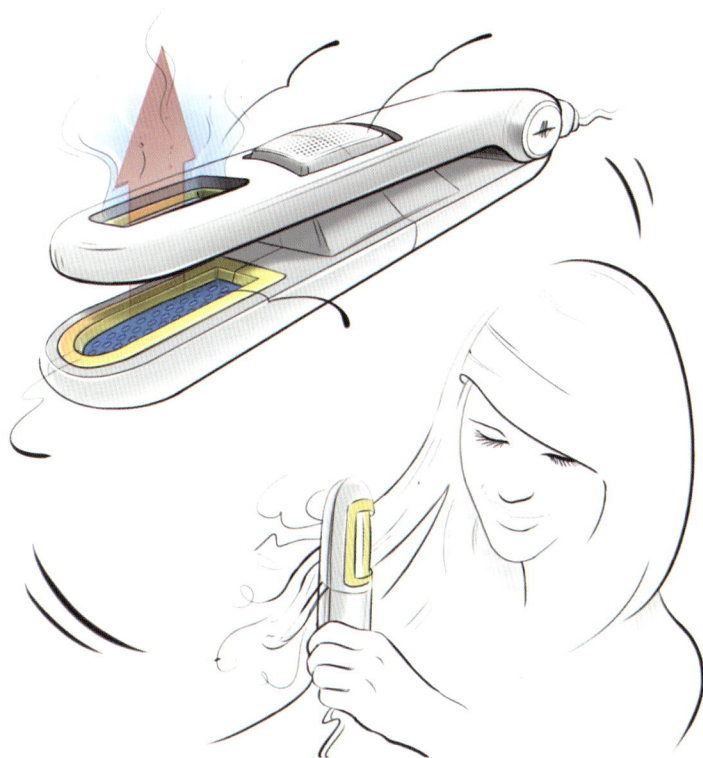

图3-2-8 直发棒设计 Justin Arsenault绘

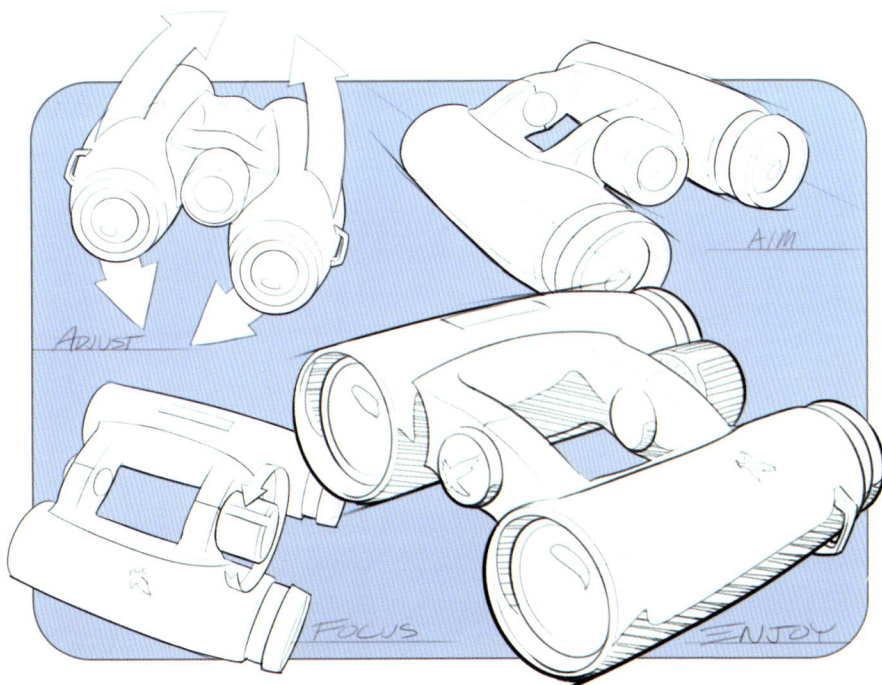

图3-2-9 望远镜设计草图 Rob Podell绘

图3-2-10　线条与质感

（5）轮廓的节点与高低点

节点通常隐含结构信息，应当被强调。至于轮廓的高低点，理论上来说，低点是逐步远离亮部而进入阴影的点，应用较深的线条来表现，高点反之（图3-2-11）。

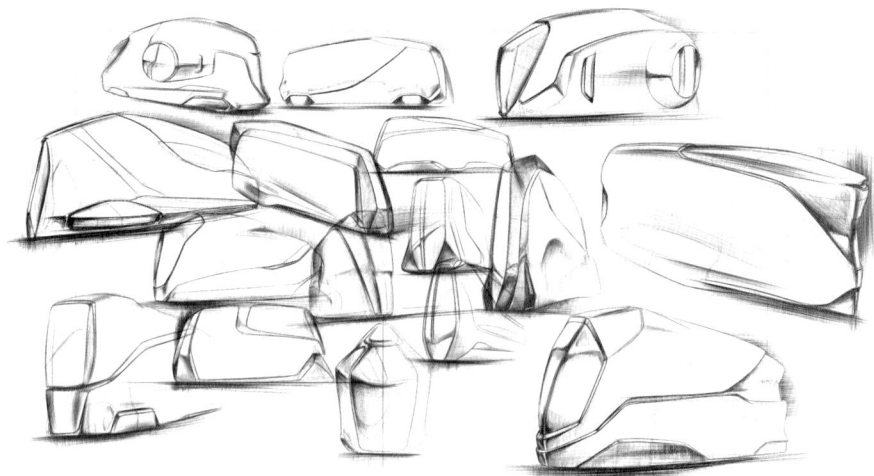

图3-2-11　形态推敲　Prathyush Devadas绘

（6）图形的空间秩序

图形的空间秩序不仅适用于多个图形间的空间关系，也适用于单个图形内部的空间关系。例如，在浅色背景上，较深的线条会向前突出或浮向画面，而较浅的线条则会向后隐去。这种效果在深色背景上则恰恰相反（图3-2-12）。

图3-2-12　汽车草图　Prathyush Devadas绘

（7）着重线

着重线是利用线条来强调烘托画面中的焦点部分。依据这种主次关系，我们可以相应地调整线条的浓淡变化。重点区域的确定，则常常是依据设计师的主观选择（图3-2-13）。

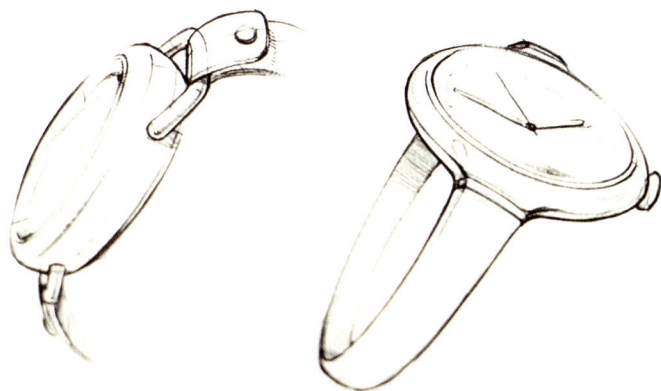

图3-2-13　手表设计　Neo Nguyen绘

（8）速度线

速度线，顾名思义，即利用绘图行线速度表现物体的速度，或隐含地传达物体的相关信息，同时也可以辅助塑造物体的材料和质感（图3-2-14）。

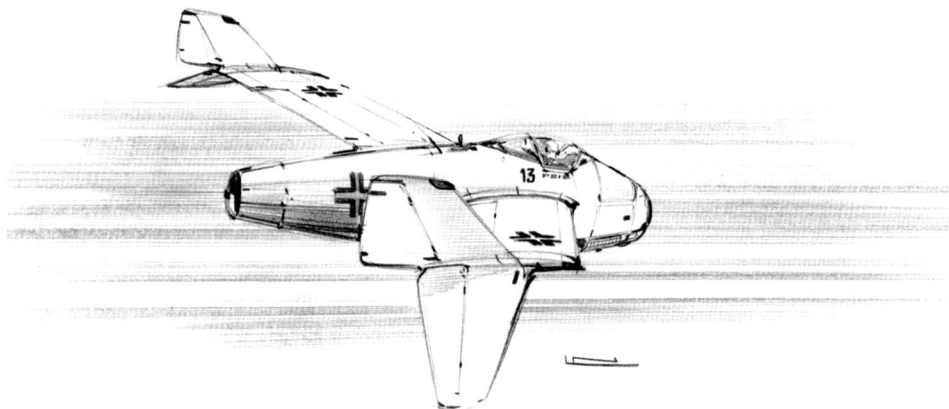

图3-2-14　飞行器手绘

2.3.3 多种画法的综合应用

以上我们总结了一些寻求线条多变性与敏感性的方法，并分类别进行了单个的解说，但事实上，在具体的日常手绘练习和设计实践中，设计师们通常会把这些方法综合地运用起来，通过辩证地取舍来加以应用。例如，我们应该将近实远虚的规则纳入考虑，但当物体的远端轮廓需要和负空间的背景加以区分时，我们会将这条远端轮廓线加以强调，甚至会超过一些比它近的线条。这种多样性给了设计师很大的空间，取舍的过程也充分体现了设计师表现能力的高低。设计师要合理地掌握这些能力，需要反复地思考与大量的实践经验的积累，逐步形成自己的风格。

2.4 线条的训练方法

线条的训练主要讲求的是对线条的控制力，这种控制力主要表现在线条的准确性和稳定性上面，即当设计师实际手绘时，做到能随心所欲地表达自己的设计想法，所画即所想，不为基本功的问题所牵绊。在此基础之上，再去逐步提高线条的表现能力。

2.4.1 直线

直线包括两头尖的直线、一头尖的直线和均匀直线。它们在绘制技法上虽然存在区别，但并无太大大难度，因此这里将不做赘述。

对线条控制力的训练方法，一开始可以练习定点连线、画长直线以及各个方向的直线等，通过这种练习可以让练习者准确地画出自己想要方向和长度的直线。然后可以大量练习排线，提高熟练度以及手脑协调能力，通常运用平行排线和交叉排线的方式，最后可以是这两种排线方式的进阶训练。平行排线可以从距离较远的两条平行线开始，逐步向内画出平行直线，练习者会发现当练习进行到在两条相距很近的平行线间时会很困难，而这正是练习的价值所在，这样可以帮助练习者有效地排除其他线条的干扰，而且这在绘制产品分型线时也会十分有用；交叉排线的进阶训练，可画出各个方向的交叉线条，再利用线条间的交点做连线练习，这是前期训练的一种综合，包含各个方向不同长短的线条，全面提高练习者对线条的掌控能力（图3-2-15、图3-2-16）。

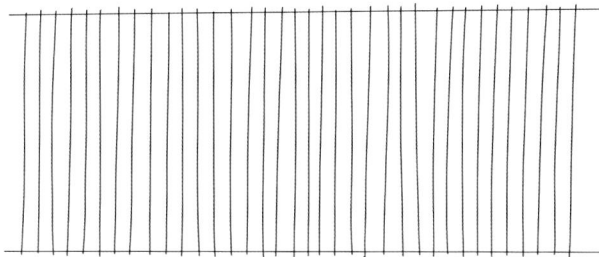

图3-2-15　平行排线练习

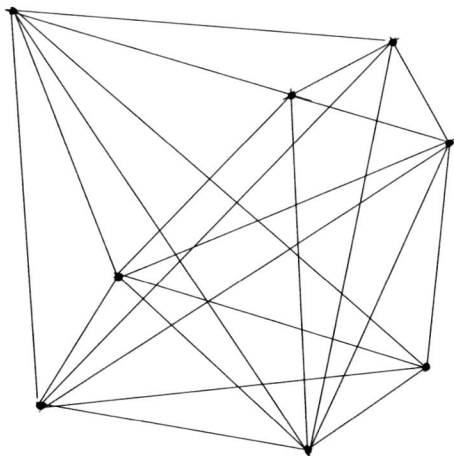

图3-2-16　交叉排线练习

2.4.2 曲线

曲线练习可依据曲线类别分为任意曲线练习和抛物线练习。

练习方法大同小异，可以是三点或四点的定点连线，还有平行曲线的排线练习（图3-2-17、图3-2-18）。

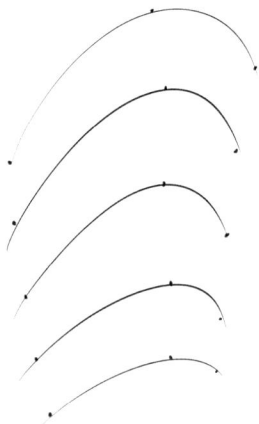

图3-2-17　任意曲线练习

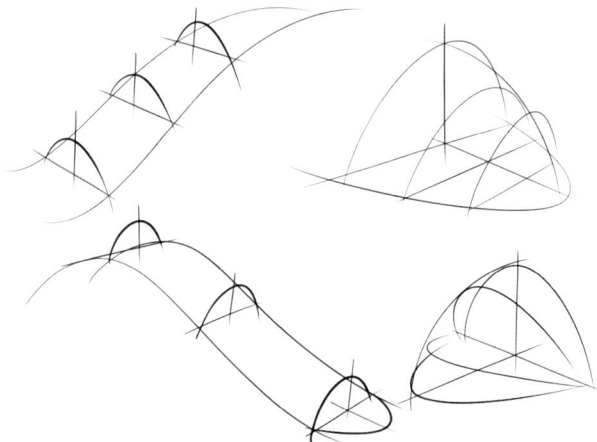

图3-2-18　随机曲线与抛物线组合练习

2.4.3 椭圆和圆

椭圆的练习在产品手绘中非常重要，因为很多产品或产品细节都是从构建椭圆图形开始的，工业制成品大多线条干净利落，糟糕的椭圆表现能力不仅无法真实反映这一点，而且会在直线线条的衬托对比下让情况显得更糟。

椭圆的练习也是循序渐进的过程。首先，可以放松绘制任意椭圆，熟悉椭圆的绘制技法。当椭圆的绘制逐渐熟练后，可以适当增加约束。例如，可利用十字线确定一个中心，练习绘制控制椭圆位置的定中心的椭圆以及同心椭圆；也可以练习绘制确定切点或确定切线的椭圆；还可以确定两条透视直线或弧线，再在它们之间练习绘制大小和透视依次发生变化的椭圆。

这些都是十分实用的练习方法，将大量出现在日后的设计手绘实践中，需牢固掌握（图3-2-19至图3-2-21）。

正圆在产品手绘中的实际应用其实并不多见，但作为一种常规且行之有效的练习，初学者也应有所掌握。练习方法大致有定中心练习（同心圆）和定四边练习两种（图3-2-22）。

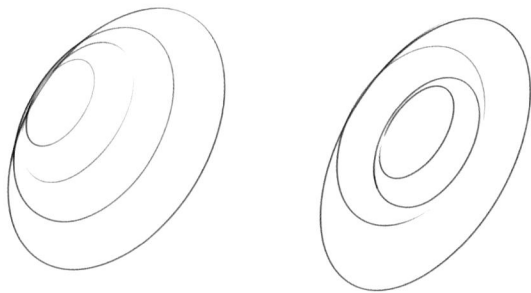

图3-2-19　椭圆练习1

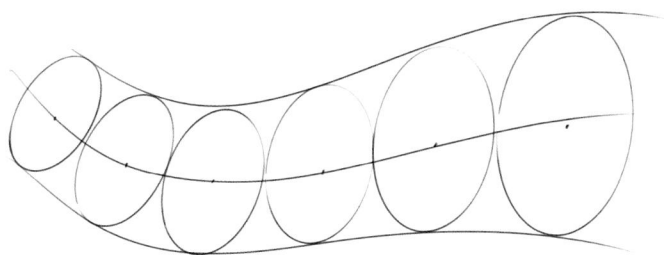

图3-2-20　椭圆练习2

图3-2-21　椭圆练习3

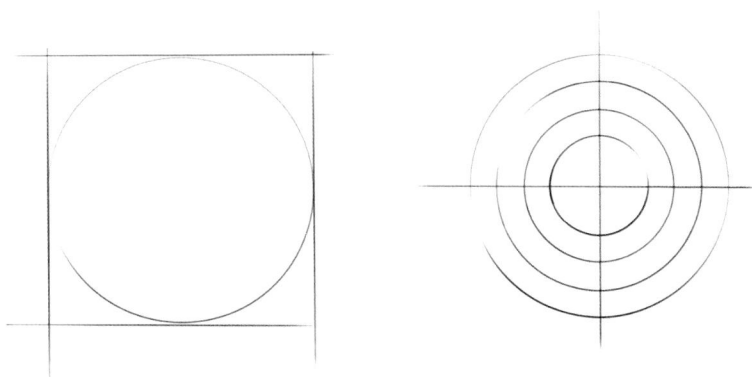

图3-2-22　圆的练习

第三节　面和体

3.1　由线到面

　　线条不仅在绘画中是造型的基本要素，同时在几何上来说也是构成面的基础，比如四方形平面的形成，就是某一直线在一个方向上积分的结果。这样的构成方式决定了线条的形状，其移动的走势将决定面的形状。要理解面的形成原理，计算机建模软件中曲面的建模思路会给我们很好的启示，比如，拉伸曲面即由截面曲线在某一直线方向上的拉伸形成。在手绘过程中需从面的构成原理出发进行绘制，而不是简单地描画出边界轮廓，圈出一片区域来表现曲面。

3.2　基本几何体

　　基本几何体包括：长（立）方体、球体、椭球体、椎体、圆柱体和圆环（弯管）等。实际上，基本几何体的练习，就是基于基本的直线、曲线的综合，再以透视原理作为约束条件，来构建基本几何体。因此，线条的综合运用、透视以及形体比例是这里练习的要点。其中，以下基本形体的绘制练习需学习者特别注意。

3.2.1　长（立）方体

　　可以说，长（立）方体是手绘形体练习中最为基本的，不仅是因为它是复杂形体构建的最基本要素，也是由于在这个练习阶段，大量练习绘制长（立）方体可以让练习者找到构建一个形体的感觉，包括快速熟悉地掌握透视画法（图3-3-1）。

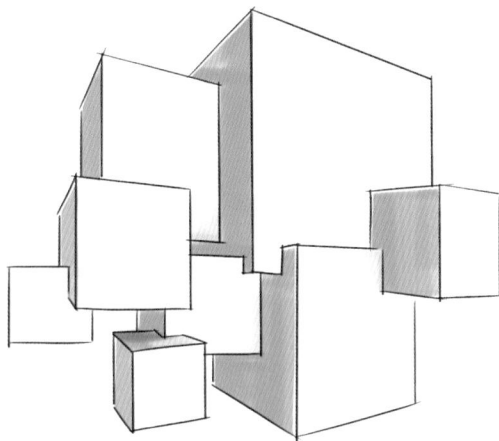

图3-3-1　立方体练习

3.2.2 圆柱体

长（立）方体常常被当作手绘构建形体的起点，其实抛开技法熟练后，长（立）方体构建的辅助绘图作用，很多情况下圆柱体往往更适合承担这样的角色。在圆柱体的绘制中，难点在于对透视椭圆的把握，学习者需多加练习（图3-3-2、图3-3-3）。

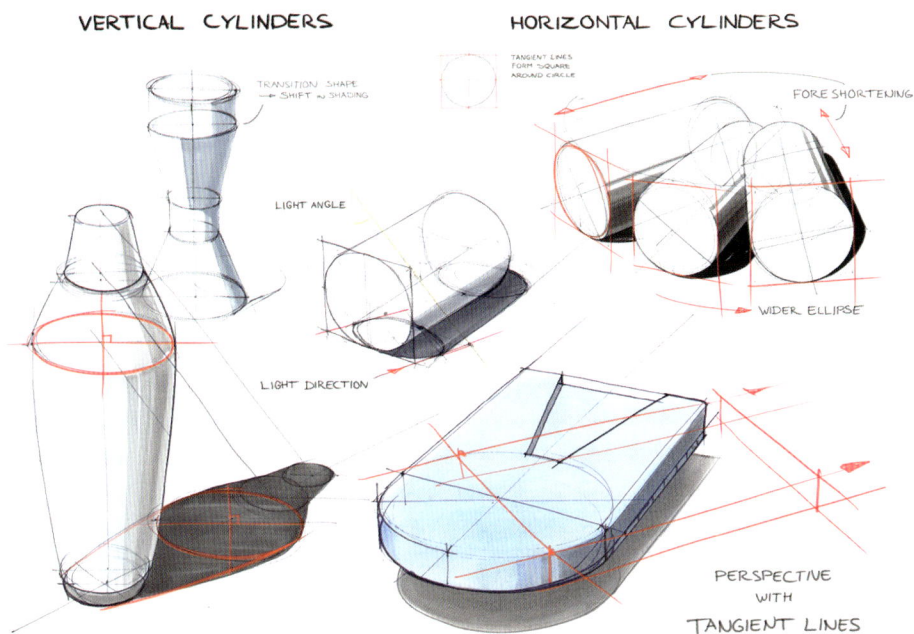

图3-3-2　圆柱体练习

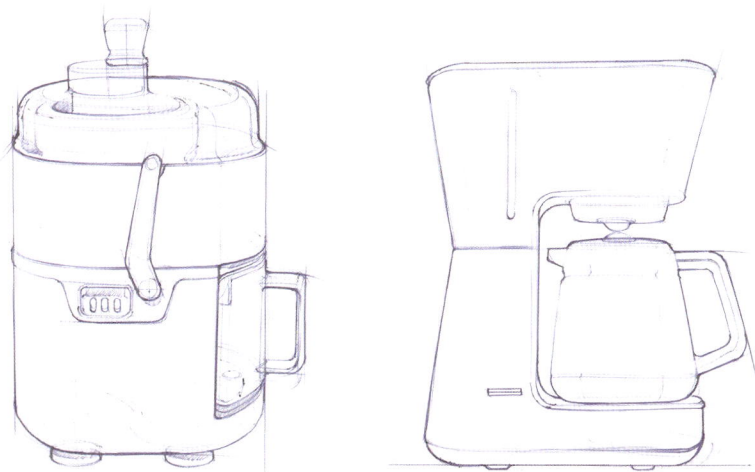

图3-3-3　小家电方案草图　Begüm Tomruk绘

3.2.3 圆环（弯管）

圆环（弯管）的练习常常容易被手绘学习者忽略，但实际上，圆环的绘制技巧在产品手绘中是非常实用的，因为这一造型在产品设计中十分常用。下图可以作为理解其结构的范例，圆环（弯管）可以理解为无数个透视圆剖面累加而成。这些圆形的剖面与其弯曲处切线方向垂直（图3-3-4、图3-3-5）。

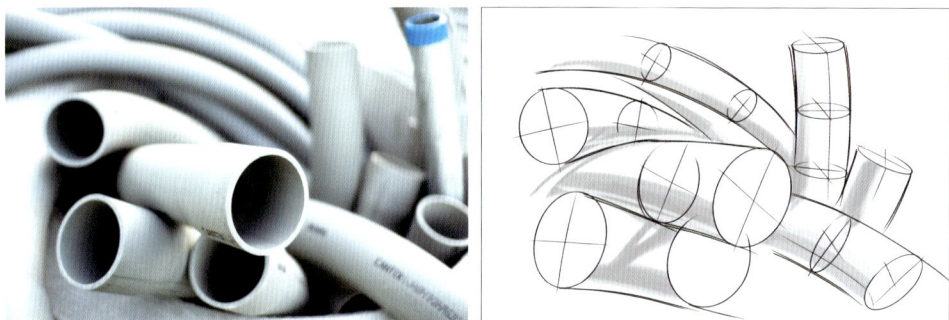

图3-3-4 弯管练习

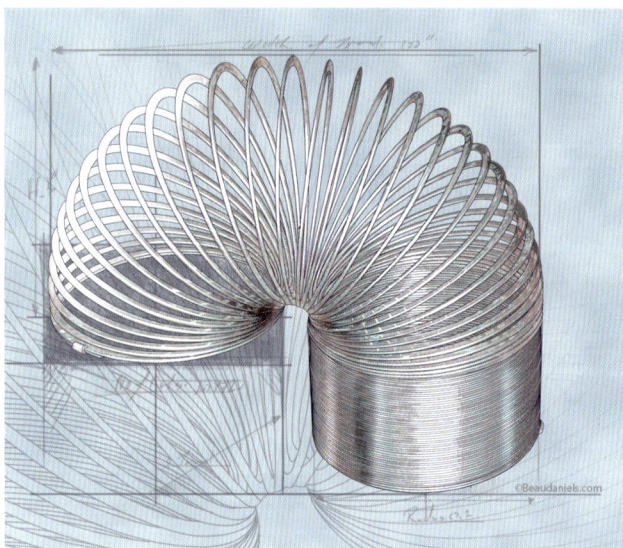

图3-3-5 玩具 Beau Daniels绘

3.3 形体的简化与组合

无论如何复杂的产品形态，其实都来自基本形体的组合，再饰以相应的细节。以此作为构形的基本思想，我们可以反其道而行之，先撇清繁复的细节，对产品形态进行解构，通过将其分解为最基本的几何形体，来了解其形态构成的本质。分析清楚其中的基本形体并发现它们的组合方式是一种十分重要的能力。有效的形态分析与简化将提升我们对产品的理解，也可以大大提升绘图的速度（图3-3-6、图3-3-7）。

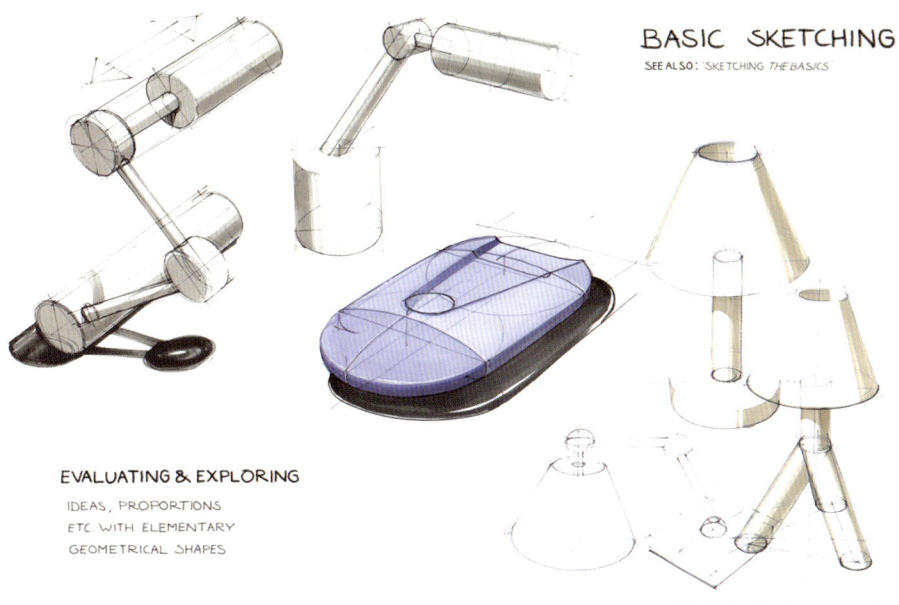

图3-3-6 构成复杂产品的简单形体1

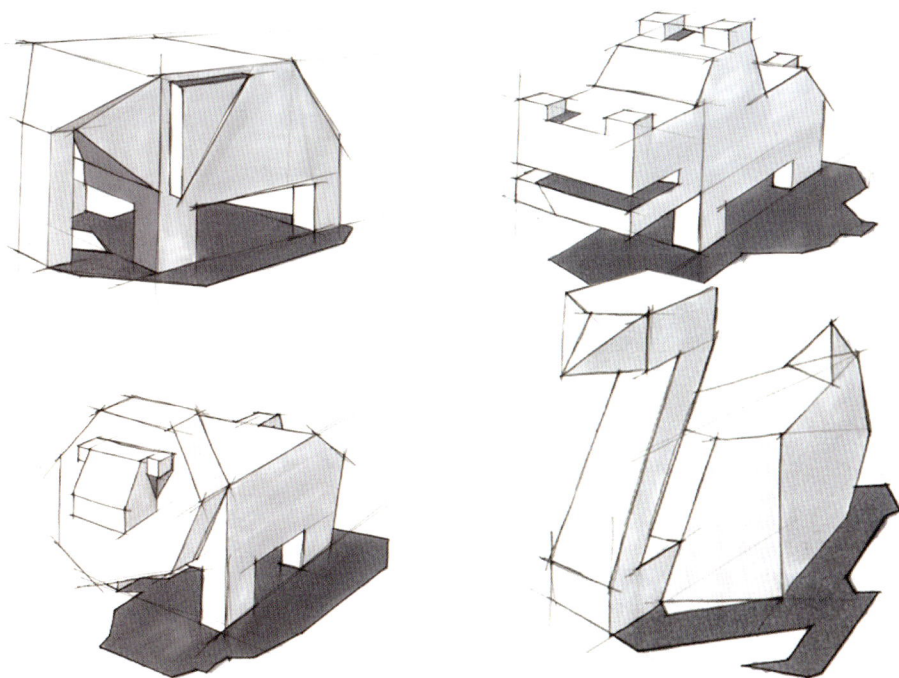

图3-3-7 构成复杂形体的简单形体2

这种绘图方法以前文所述的分析为起点，在分析的基础上进行重构，这就是基本的绘图思路和步骤。图样先以基本的方块和椭圆等基本几何体开始塑造，并加以整合，最后再添加必要的细节。不用担心这些构造基本形体产生的线条，首先它们会是很好的辅助参考线，其次它们会逐渐融入最后的手绘作品中。另外，当练习者足够熟练时，这部分工作也可以不用落实在纸面上，而可以在脑海中完成。

这种结构重组的绘图方法，主要着眼于产品形态结构的塑造，可以快速有效地搭建出产品形态的基本框架，但从这个几何体框架演变为基本完善的产品形体，还有赖于设计人员对结构细节的塑造。这些细节是丰富而繁杂的，落实到具体的设计中又会各不相同，总结起来，主要有两个重要的方面需要引起学习者足够的重视，现简述如下。

（1）基本形体间的衔接

不同的形体以不同的方式组合，在衔接处都会产生相应的结构，对于这部分结构的绘制，需在充分理解形体组合方式的基础上进行。只有对这部分结构进行清晰合理的表达，才能让产品结构变得真实可信起来（图3-3-8）。

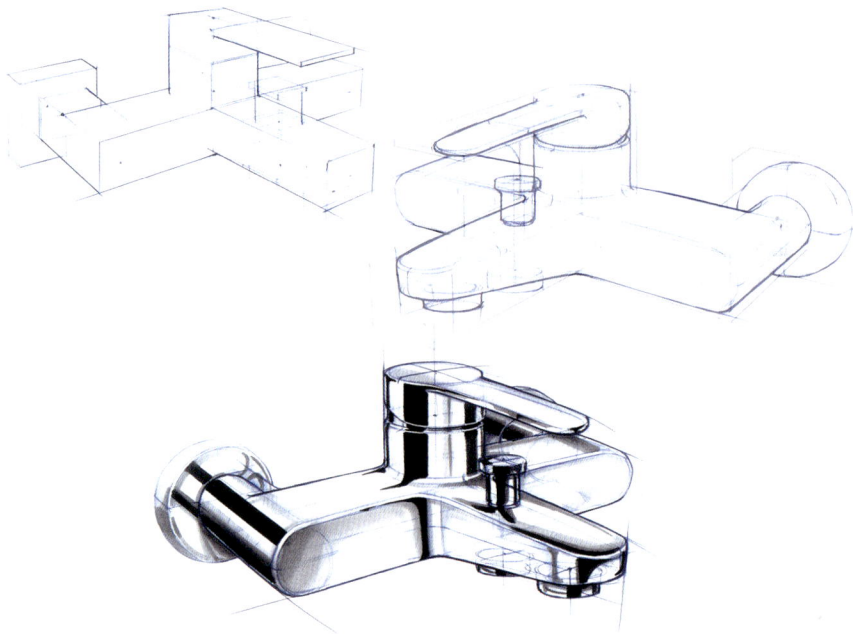

图3-3-8　水龙头手绘表现　Begüm Tomruk绘

（2）结构的圆化

几乎每件工业产品都会进行圆化。这些圆化不仅与产品加工过程有关，同时也是产品外观设计的需要。例如，对于产品倒角的塑造就十分重要，它几乎会出现在每一件工业产品上，缺少对倒角的有效塑造，不仅有悖于观者的日常经验，同时产品设计本身也显得不够成熟，甚至可以说是不完整的（图3-3-9至图3-3-11）。

ROUNDINGS

SEE ALSO: SKETCHING THE BASICS
CHAPTER 4 : SKETCHING PROGRESS

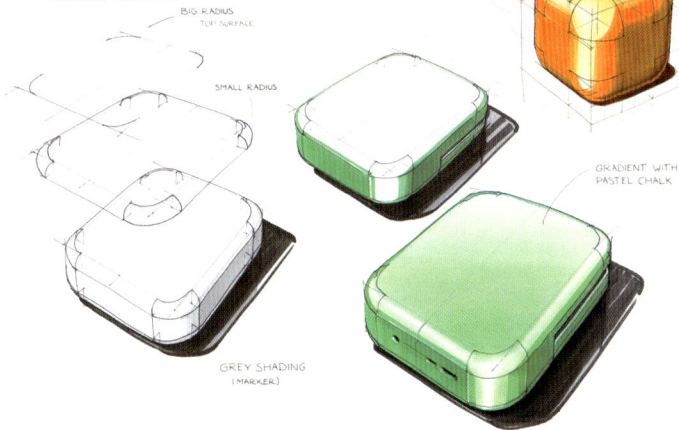

MULTIPLE ROUNDINGS

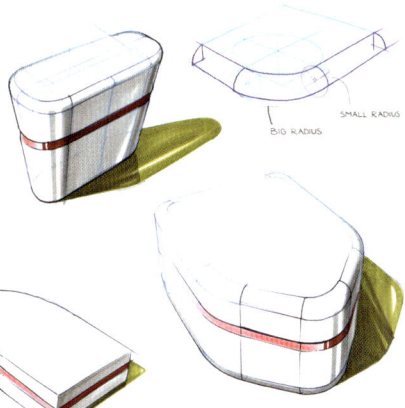

SINGULAR ROUNDING

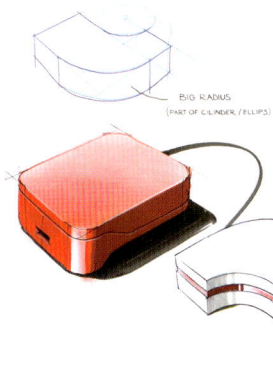

BIG RADIUS
(PART OF CILINDER / ELLIPS)

SMALL RADIUS

BIG RADIUS

图3-3-9　圆角及画法1

MULTIPLE ROUNDINGS

SKETCHING PROGRESS :

BIG RADIUS
TOP SURFACE

SMALL RADIUS

EQUAL RADIUSES

GRADIENT WITH
PASTEL CHALK

GREY SHADING
(MARKER)

图3-3-10　圆角及画法2

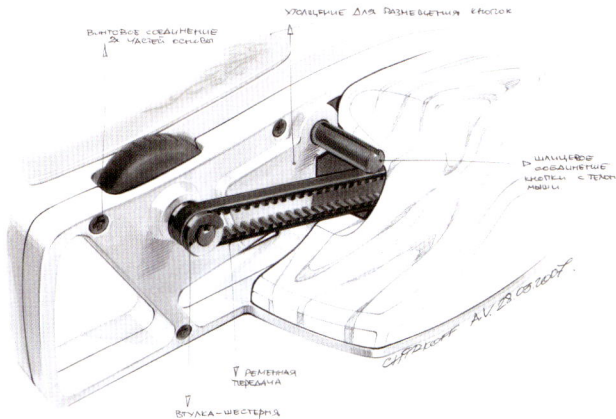

图3-3-11　产品设计细节　Slava Saakyan绘

3.4 搭骨架的综合练习

完成一幅结构扎实、线条准确、表达清晰的结构素描，其实就已经完成了手绘作品的大部分，它是一幅合格的产品手绘的基础，甚至有时候它本身就可以是十分出色的产品手绘作品。例如，西班牙手绘大师乔迪·米拉的手绘作品就是很好的示范（图3-3-12、图3-3-13）。

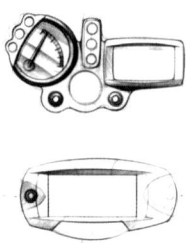

图3-3-12　手绘作品1　乔迪·米拉　　　　图3-3-13　手绘作品2　乔迪·米拉

在完全掌握产品手绘素描的能力之前，有一个阶段的综合练习至关重要，那就是学会如何搭建出一个物体坚实可靠的结构和外形骨架。其中的核心能力包括能够准确地驾驭线条、熟练掌握透视技法以及合理地分析并重组产品结构。在这一阶段，线条的表现力可以先不用做过多考虑，等到结构坚稳、理路清晰时再去刻意强调就可以了。

第四节　光影原理及表现技法

光是人们能够看到物体的先决条件，物体在光的照射下产生相应的光影效果，这是人们日常的视觉体验。在视觉艺术中，光可以帮助我们感觉形体和塑造形体。没有对光影的塑造，就没有完整的形体表现。光与影是不可分割的一对矛盾，它们共同作用产生丰富的变化，强烈地向观者暗示着物体的三维属性和形体结构，也大大增强了表现对象的体积感、光感和空间感，并最终使物体与环境融合为一体。

4.1 一点光源与平行光源

产品手绘中的光源通常是人为设定的虚拟光源，常用的光源类型有两种：一点光源和平行光源。

一点光源，顾名思义，即光线由单一光源从一点发出，被照射物体投影呈现发散状，需考虑光源位置，并利用相应的作图法绘制投影效果，其具体情形类似于室内环境中被白炽灯照射（图3-4-1）。

平行光源则类似于室外环境中被太阳照射，由于太阳的巨大体量，被照射物体接收到的光线几乎是平行的，投影的发散情况也可忽略不计，同时无需考虑光源的位置。因此，平行光源通常成为设计师的首选（图3-4-2）。

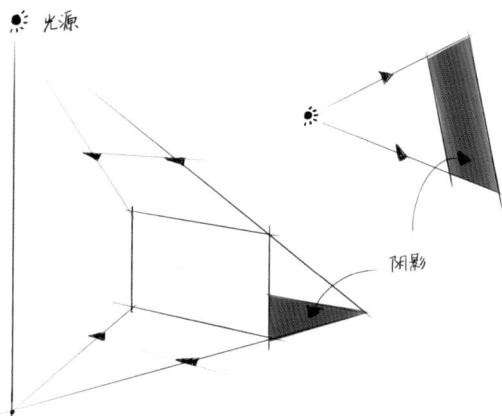

图3-4-1　一点光源的投影原理

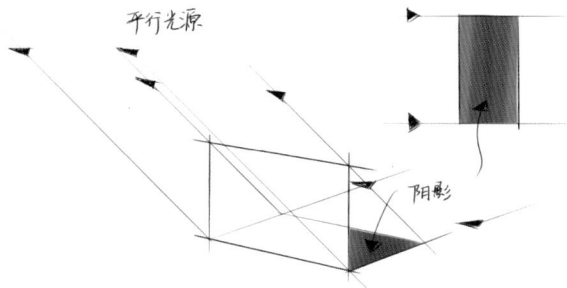

图3-4-2　平行光源的投影原理

4.2　光影与形体的关系

借助光影与明暗效果的塑造可以大大增强物体的表现效果，但是，最终决定物体表现特征的还是其自身的形体和结构，它们依然是认识和表达物象的依据。在光影明暗的认识和表现方法上，要坚持从形体结构出发，而不是停留在对表面明暗色调的描摹。光影明暗只是表现手段，需附生于结构和形体之上才会塑造出真实的"三维形体"。

4.3　手绘中的五大明暗调子

和绘画学习中一样，我们需要通过塑造明暗调子来表现光照环境下的物体。不同的是产品手绘旨在快速有效地表达，并不追求过分、逼真的写实效果或艺术表现效果，因此对光影的表现通常掌握五种基本调性就足够了。

这五种基本调性包括暗部、亮部、灰面、明暗交界线和反光五大明暗变化。其中，暗部、亮部和灰面即绘画中通常所说的黑白灰三个基本调子（图3-4-3、图3-4-4）。

（1）暗部

暗部是光源照射不到的区域，但也存在明暗变化，包含明暗交界和反光。

（2）亮部

亮部是光源直接照射或大角度照射的区域，这一部分受光强烈，明度最高。

（3）灰面

灰面出现在光源小角度照射区域，最接近所绘制物体的固有色。灰面在绘画创作中是层次最为丰富的部分，但在产品手绘中无需多层次地表现这一区域。

（4）明暗交界线

明暗交界线出现在受光部分与背光部分的交界处，是明暗对比最为强烈的部分，从属于暗部，受光源和环境影响较小，明度也最低。

（5）反光

反光出现在暗部中受环境影响的部分，是暗部中受环境影响较大的区域。表现反光可以增强物体的表面光感和质感。通常，表现产品时并不需要绘制逼真复杂的环境反射，而是假想一个虚拟的空间，如蓝天或者大地。此外，反射可以成为材质塑造的一部分，材质越光洁，对周围环境的反射也就越强烈。

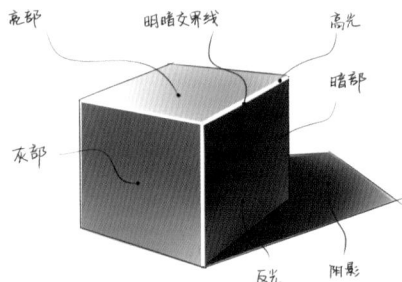

图3-4-3　五大明暗调子示意1　　　　图3-4-4　五大明暗调子示意2

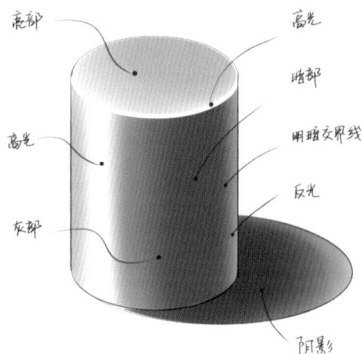

4.4 组合形体的基本光影表现归纳

和视角选择的程式化方法一样，在产品手绘，尤其是快速表现的手绘作品中，我们也可以寻求一种套路化的组合形体光影塑造方法。这一方法依旧遵循光影表现的基本原理，只是通过归纳总结得出了一些常见的基本形体组合形式，以及相应简化了的光影表现套路，在快速产品表现中是完全可以接受的。以下是一些基于这种方法得出的范例，学习者可以方便地进行套用，也可以自行探索和积累其他形式的表现模型（图3-4-5、图3-4-6）。

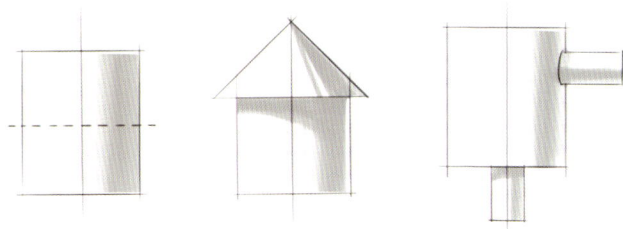

图3-4-5 组合形体的基本光影表现1

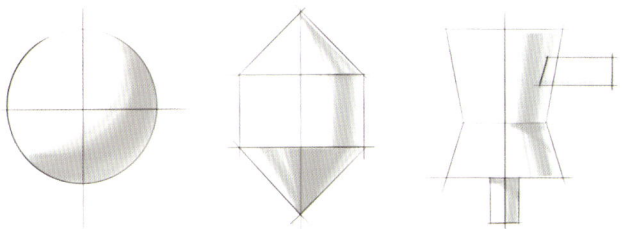

图3-4-6 组合形体的基本光影表现2

4.5 投影的画法

投影的表现在产品手绘中有其独特的作用。有了对投影的表现，物体所在整体光影环境才算塑造完整；同时投影还可大大增强物体的立体感和体量感，让所绘物体可以安稳地落在桌面或地面上。

究其画法，其实并不复杂。以平行光源为例，如图3-4-7所示，以形体边缘或节点为切点，从预设光源方向作穿过此切点的直线，再连接这些直线在桌面或地面上的投影点，除去被物体遮挡的部分，即为所求的投影轮廓。

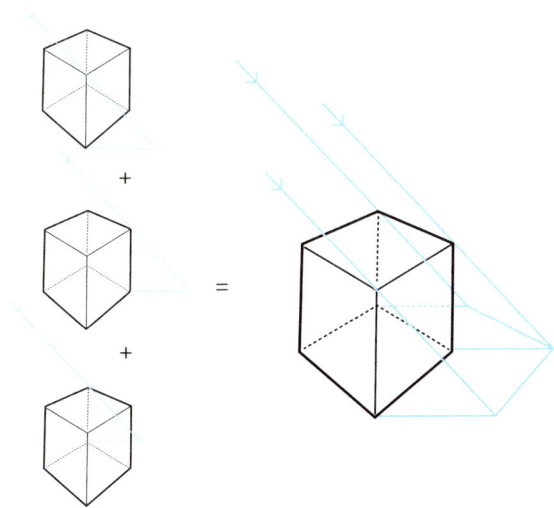

图3-4-7 投影绘制原理

在了解了投影绘制原理之后，可以尝试探索在不同环境中不同形状物体的投影。以下给出了一些可供参考的范例（图3-4-8）。

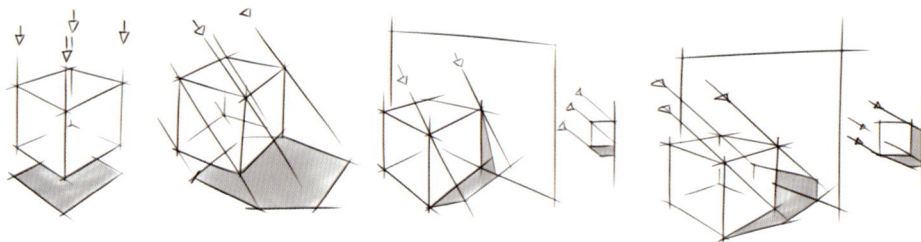

图3-4-8　立方体在不同环境下的投影

4.6 高光的表现

高光在物体表面上是受光最充分、反射最强烈的部分，面积虽小，但明度最高、最显眼，往往出现在产品的突出部位或是体面转折线上，因此，高光的表现对表达产品的结构和质感都十分重要。合理地使用高光，可以将原本枯燥单调的画面变得富有活力，大大增强表现效果，因此往往会成为点睛之笔（图3-4-9）。

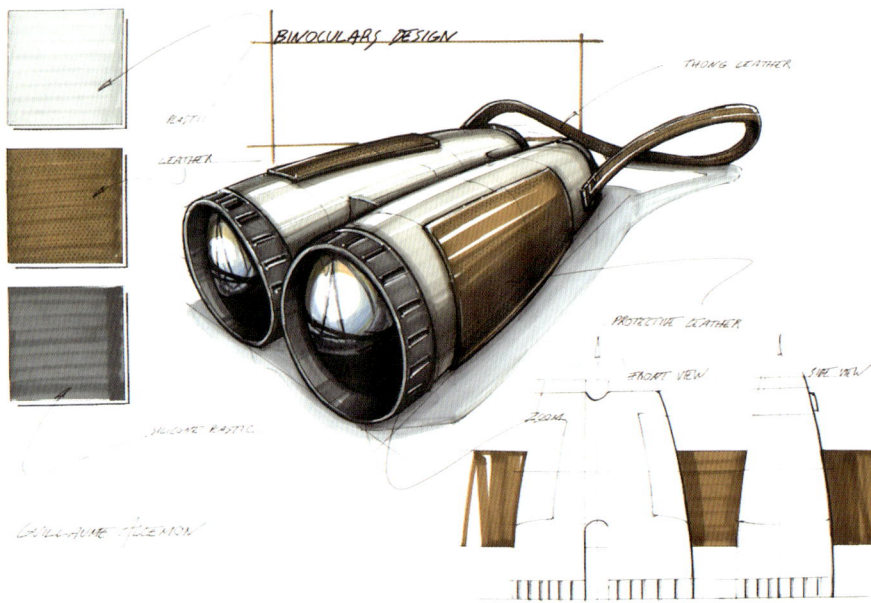

图3-4-9　望远镜手绘　Guillaume Allemon绘

要想正确地表现高光，首先我们要对其进行有效的归纳。切忌漫无目的地去点高光，并非所有画幅中的产品和产品的每一处突出部分都需要点画高光，在下笔之前需要预先有所设计和取舍，之后只需恰如其分的几笔就可以获得出彩的效果了。

高光的表现要领大致归纳如下。

高光出现在不同形面时拥有不同的形态。例如，线形的、点状的、射线状的、星形的，甚至块面状的，这要视具体的绘制形态和光源设置而定。

就材质而言，高光可分为亮件高光和亚光件高光。亮件高光出现在产品本身材质极为光亮时，可以强烈地反射环境光，当这种形面处于光线照射下，往往反射的是环境的光、物象和色彩，而固有色反而被压缩。亚光材质的表面较为粗糙，漫反射的反射强度也较弱，固有色也就相对较重，与亮件相反。

从绘制工具和技法上来讲，绘制高光常用的工具包括高光笔（修正液）、白色彩铅、水粉颜料和橡皮。不同的工具有不同的绘制技法，高光笔最为常用，可以点画，可以画线，也可以点画后迅速拖出放射状或星形高光；白色彩铅常用于绘制线性高光；水粉依不同画笔亦可塑造多种形式的高光，但因操作不便已渐渐少人使用；橡皮作为塑形工具，在这里可以和色粉等画材结合使用，擦拭出想要的高光，除点状高光外都可以方便地塑造。另外，还有一种常用的高光塑造方式就是留白，巧妙的留白胜过机械的平涂，在草图过程中尤其如此，方便快捷又效果出众，也可和其他高光技法结合使用（图3-4-10、图3-4-11）。

图3-4-10　留白高光表现示例1　Sangwon Seok绘

图3-4-11　留白高光表现示例2　Marius Dumitrascu绘

第五节　色彩

产品设计手绘表现中，色彩与形体是最为重要的因素，它们是相互依存、不可分割的统一整体，正是形与色的结合，使我们能够借助手绘较为完整地了解设计信息并获得美的享受。此外，对于设计本身而言，色彩也同时承担着审美与功能的双重任务。色彩设计恰当的产品，不仅可以激发消费者的消费与使用乐趣，同时还有助于发挥产品形态功能中的提示与启发作用，从而大大提升产品的使用体验。

5.1　色彩的归纳与夸张

不同于一般绘画表现，产品设计手绘并不追求表现色彩微妙的变化和丰富的层次，因此不需要对诸如明度关系、色相关系、纯度关系等问题考虑太多。设计师只需在保持视觉真实的情况下，顺应观者的视觉习惯，有效地传达出设计信息即可。这里就需要运用到色彩的归纳与夸张两种能力，即通过总结归纳将现实情境下复杂的产品色彩进行合理的简化，之后再对简化的色彩进行适当的夸张，以此得到预期的表现效果，寻求对观者有效视觉刺激的同时传达产品设计信息。

设计手绘的色彩归纳，就是依据色彩表现原理，对需要表达的产品色彩进行提炼、调节和归类，在忠实于设计本身的同时保持表现色彩的简洁与明快（图3-5-1）。

设计手绘的色彩夸张，则是为了追求预期的表现效果，对产品色彩表现进行有意识的夸大或者削弱。这种色彩的夸张，主要是为了解决简化后的色彩间关系或有意增强表现力。例如，当画面中的两处色彩的纯度、明度以及色相，特别是面积，存在等量对比关系的时候，就会导致画面呆板，这时就需对其中次要一处进行有意识的削

图3-5-1　汽车手绘表现　Prathyush Devadas绘

弱，从而保证画面拥有合理的主次对比关系。再比如，当一个产品只有一种固有色的时候，画面很容易会陷入单调。解决这个问题，可以通过对产品局部色彩的明度、纯度以及色相进行调整，使之与整体形成对比和呼应，从而丰富画面效果，也可以利用背景或其他绘图元素的颜色作为衬托，来达到同样的目的。

5.2　色彩对于透视的辅助表现作用

当我们需要绘制一个物体，物体与我们的视点之间，无论距离远近，总存在着一层空气，物体反射的色光必须通过空气这个介质，传递给我们的视觉。而随着眼睛与物体之间距离的远近变化，空气厚度改变，空气的作用使得物体的色彩在人们的视觉上发生了变化，这一现象就被称为色彩透视。

基于透视理论一章的讲解，我们知道形体的一般透视规律是近大远小，而色彩的透视首先体现在形体的明暗效果和色彩效果上。总结起来，色彩透视的基本规律为：近处色彩对比强，固有色强，比较暖；远处色彩对比减弱，固有色变弱，趋向灰色调，一般呈青、蓝、紫的冷灰色调。

准确表现色彩的透视是营造空间的重要手段，了解并掌握色彩透视规律可以帮助设计师在手绘实践中自如地表现色彩的对比关系、层次和空间（图3-5-2）。

图3-5-2　汽车手绘表现　Prathyush Devadas绘

5.3　运用色彩来辅助表现明暗结构的技巧

运用色彩来辅助表现明暗结构的技巧主要有以下方面。

① 高亮度或高纯度的色彩，或者被淡化的原色经常被用来表现受光区域或者间色区域。相反的，低亮度或低纯度的色彩则可用来表现阴影中的区域。

② 表现阴影的颜色的亮度不应该超过表现亮部所用的颜色。

③ 背光区域应留有固有色的特性。

④ 描绘大片区域的色彩在光影变化下的过渡，可以用马克笔色度的改变来实现，同时还可结合黑/白彩铅综合塑造这种过渡，一定要注意这种过渡的连续性。

⑤ 如预设光源为暖色光源，则暖色调的色彩会在其照射下更为灿烂，冷色调的色彩在其照射下亮度会被中和或减弱。反之，如果预设光源是冷色光源，上述情况则正好相反。

⑥ 在运用色彩辅助表现光影变化时，需要明确，色彩是光影之下的色彩，而光影又会因为色彩的不同而发生变化，保持这种协调性才会产生真实可信的绘制效果（图3-5-3、图3-5-4）。

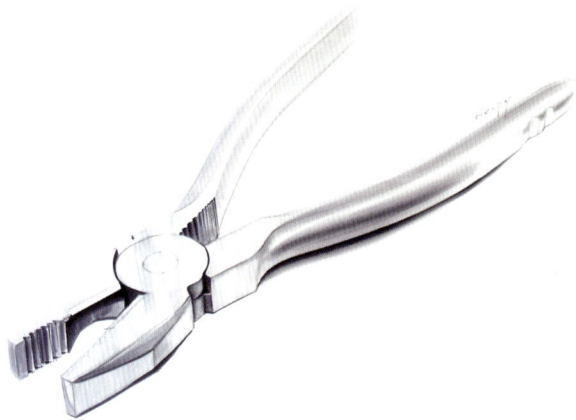

图3-5-3　工具　Orhan Okay绘

图3-5-4　汽车效果图　Njegos Lakic绘

5.4 色彩表现时的注意事项

（1）脏

这里的"脏"通常是指两种情况。一是指画面脏乱，这通常是由不良的绘画习惯造成的。例如，使用色粉或彩铅时，在作画过程中不注意保持画面清洁，刮蹭到色彩弄脏画面。二是指颜色脏，这通常是由不恰当的色彩绘制技法或色彩关系处理方式造成的。例如，上色的时候，反复涂抹可能会把颜色涂脏；色相处理不当、冷暖关系紊乱等色彩关系问题也会使颜色显得脏。

（2）杂乱

通常，一幅产品手绘中最多只可较大面积地使用三至四种色彩，过多的色彩会使画面显得杂乱，而且难以组织，很难建立起色彩之间的呼应与秩序，失去统一性的画面也很难有效地传达设计信息。

（3）呆板

和杂乱相对，过少的色彩使用需配合足够的手绘技巧，否则容易引起画面的单调和呆板。

（4）闷

这种感觉主要是色彩使用厚重、不通透造成的。色彩使用上，色块厚重而不透明，色彩间缺少明暗及冷暖对比，造成画面不明快。

（5）生

色彩饱和度过高，过分使用单一色彩而缺少变化和过渡。还有存在色彩选择与整体画面不协调的问题，这些都会让手绘内容显得生硬、突兀和不真实。

第六节　材质与肌理

任何产品都是由一定的材料加工制成，不同的材料具有其各自的物理属性，加上不同的加工工艺，它们不仅会影响产品的形态构成和性能表现，由此产生的不同质感也会给用户带来不同的使用体验和美感享受。这也是设计师需要着重考虑和表现的设计元素。

产品设计中的材质表现，并不要求对实物的完全再现，而是通过归纳和总结，截取材料的典型特征，简要地加以表达，能够清晰并富于表现力地呈现设计方案就可以了。基于这种思路，要表现好不同的材质，主要在于抓住材料的光感、固有色、表面的肌理以及常见的加工工艺特征这几点。这里我们简要地对一些具有代表性的材料进行归纳，并辅以相应的一些表现技法罗列如下，以供读者参考。

6.1 反光而不透光的材料

在产品设计手绘中较为常用的包括金属、塑料、陶瓷、镜面等。

6.1.1 金属

金属自身的物理属性包括硬度高、质地细腻、光洁度高等。其中，产品手绘中常常会表现到的不锈钢和镀铬金属属于强反光材料，反射强烈，很容易受到环境色的影响，因此需要注意预先设定周遭环境。

绘制金属材料时，应主要强调明暗反差和光影对比，明暗过渡也应很强烈。用笔通常快速轻捷，主要笔触要平整。高光的塑造相较其他材质更为重要，大范围亮部可选用留白处理，突出部分的高光常为星形或射线状（图3-6-1）。

6.1.2 塑料

因塑料品类纷繁，加之工艺也各不相同，很难一一论述。总结起来，表面光感可分为半反光和亚光两种。

塑料材质给人感觉较为温和，明暗反差也不及金属材质那么强烈。因此，在黑白灰光影对比表现中应处理得相对柔和，但笔触也需平整轻快，多运用平涂技法，亦可适当留白。高光形式多样，需视具体情况而定，较为常见的包括留白、点状高光和线形高光（图3-6-2）。

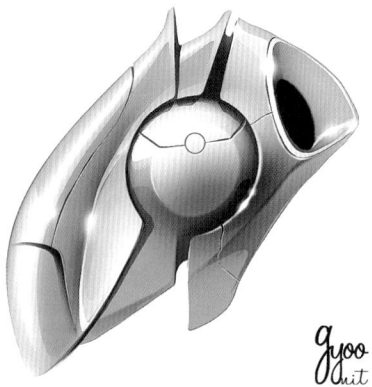

图3-6-1　金属质感　George Yoo绘

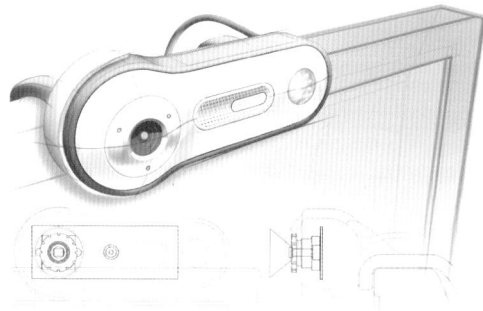

图3-6-2　塑料质感表现　Andy Logan绘

6.2 反光且透光的材料

最常见的就是玻璃，下面着重介绍玻璃的特性。其他还有诸如透明或半透明的有机塑料、水和薄膜等。

玻璃材质最大的特点就是其透明性。我们的视线可以透过玻璃看到它们的内部结构和背后的物体或背景，同时，它的色彩也往往透映着背景的色彩，只是略浅或略灰些，如所绘制的是彩色玻璃，则还需适当加入些它本身的色彩。

玻璃还是一种较为光亮的材质。随着形面转折和光线照射，其明暗存在强烈的反差，有着清晰的亮部与暗部划分。另外，底色高光法是塑造透明材质最为方便快捷的技法，读者需留心掌握（图3-6-3）。

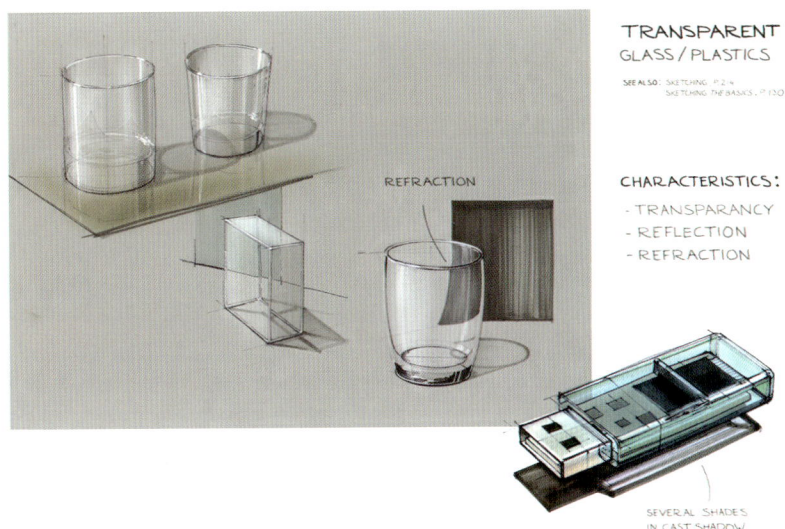

图3-6-3　透明玻璃、塑料材质的表现

6.3　不反光但透光的材料

这一类材料在手绘表现中较为少见，举例来说，有磨砂玻璃、磨砂塑料、纱网类的网状材料。这一类材料在设计实践中极少出现，限于篇幅，这里就不做详述了。

6.4　不反光也不透光的材料

这一类材料是手绘材质表现中的一个大类，常见的包括木材、皮革、石材、橡胶、棉纺织品等。

6.4.1　木材

和塑造其他材质相比，木材最显著的特征是其特有的木纹，所以塑造好木纹就成为关键。木纹的画法并不复杂，简单的临摹和实践就可以掌握。需注意木纹不可以画得过于生硬，脱离形体的转折和木材自身的特点，轻松自然描画就可以了。选取相应的马克笔，运用匀速平铺的笔法就可以塑造木材的固有色。作为亚光材质，也可以结合黑白彩铅，进一步塑造木材的亮部和暗部，增强质感（图3-6-4）。

6.4.2　皮革

在现今的皮革加工工艺影响下，皮革材质可以被赋予任何想要的色彩和宽泛的光感。这就要求设计师在手绘时能够针对不同的设计，运用有所区别的方法绘制皮革。

多数情况下，棕色、褐色等皮革基础的固有色还是表现的首选，另外，留心皮革惯用的缝制工艺，在适当的地方绘出缝制皮革的针脚，也很有助于表现皮革，同时还可以收获这一细节带来的独特美感（图3-6-5）。

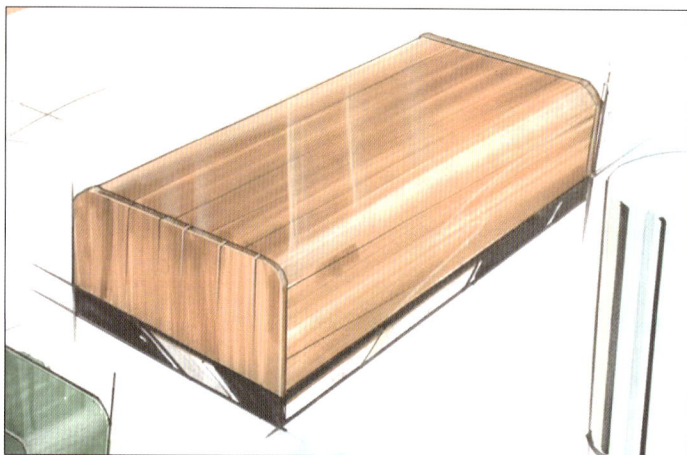

图3-6-4　木材质感　Martin Castro Sosa绘

图3-6-5　皮革旅行箱　Reid Schlegel绘

6.5 肌理

肌理是材质表现的重要视觉要素，好的肌理表现不仅可以让手绘产品更加真实可信，有效地传达设计师相应的设计意图，同时也会成为精彩细节塑造的一部分，为手绘的表现力加分。

在手绘中，肌理的塑造通常可借助肌理板或肌理纸，结合彩铅来实现。这类表现工具需要设计师在平日里的手绘实践中注重个人筛选和积累。此外，在很多时候设计师还可借助PS、CorelDRAW等设计软件来辅助表现（图3-6-6）。

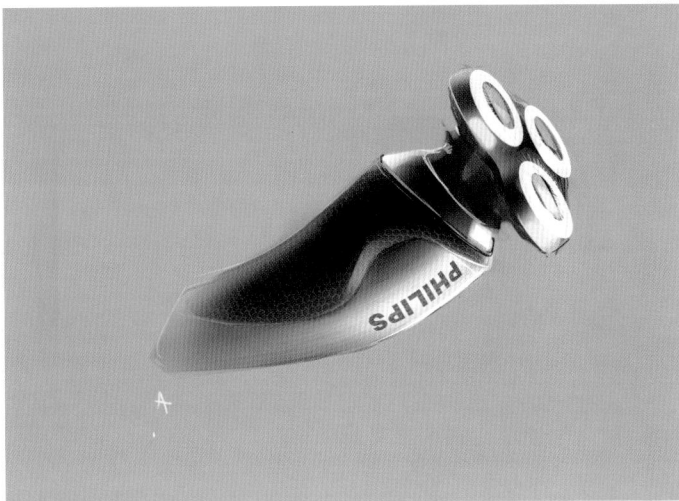

图3-6-6　剃须刀手绘　Martin Kostovcik绘

第七节　产品手绘版面设计

产品手绘版面设计是指手绘中对构图的布局和规划。版面设计的好坏将直接影响一幅手绘的表现效果，以及设计信息能否得到有效地传达。在一幅产品手绘中，为了全面地表达设计信息，通常会包含众多不同的图文内容。例如，产品效果主图、其他视角的效果辅图、三视图、透视图、局部放大图、爆炸图、剖视图、使用场景图等绘图内容，以及诸如标题、箭头、设计说明等辅助图文内容。在如此多的信息需要表达的情况下，如何有条理地将它们组织起来，从而清晰地阐述设计意图，或是更进一步得到充满表现力的设计手绘，就成为设计师在排版设计过程中需要考量的重点。

在实际设计工作中，情况可能会更加复杂，面对一个具体的设计项目，产品不仅类型多样，而且材质、形态、功能也千差万别，因此我们很难发现一个或几个统一的标准版式可以适合所有的设计。但是，在版面布局中，还是有一些常用的规律可供大家参考，现简要介绍如下：

① 选择产品最具感染力和表现力，或是最能说明它的功能和结构的视角进行效果图绘制，并把它作为主图，这样可以让观者在第一时间了解到产品的主要信息，并对整体效果有一个大致的感受（图3-7-1）。

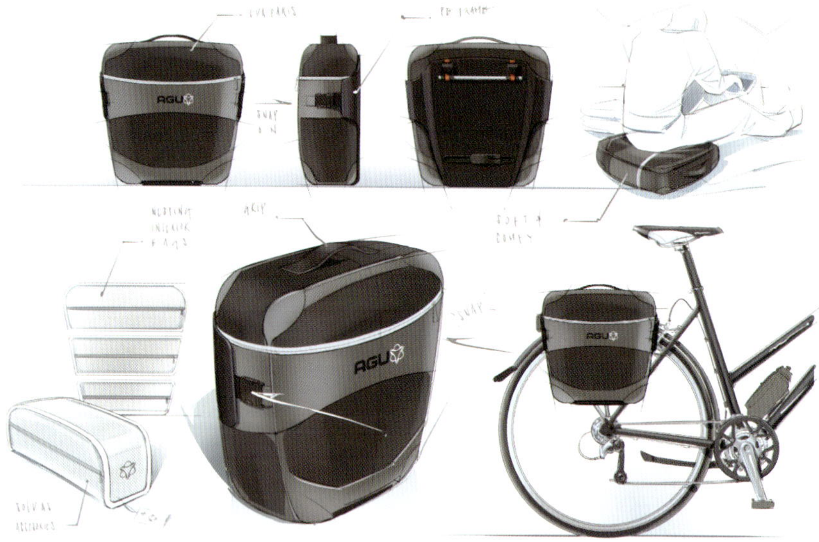

图3-7-1　自行车配件　SQUIDBONE绘

② 当一个视角无法详尽地说明产品的主要信息时，可以绘制多个视角作为主图，但需要处理好各个视角间的主次关系（图3-7-2）。

图3-7-2　搅拌机　Peter Braakhuis绘

③ 在主视图已经确定的基础上，需要针对产品的特点，对其他需要补充说明和展示的部分进行表达，如产品细节、操作方式、内部结构等，从而让观者可以进一步了解产品的详细信息（图3-7-3）。

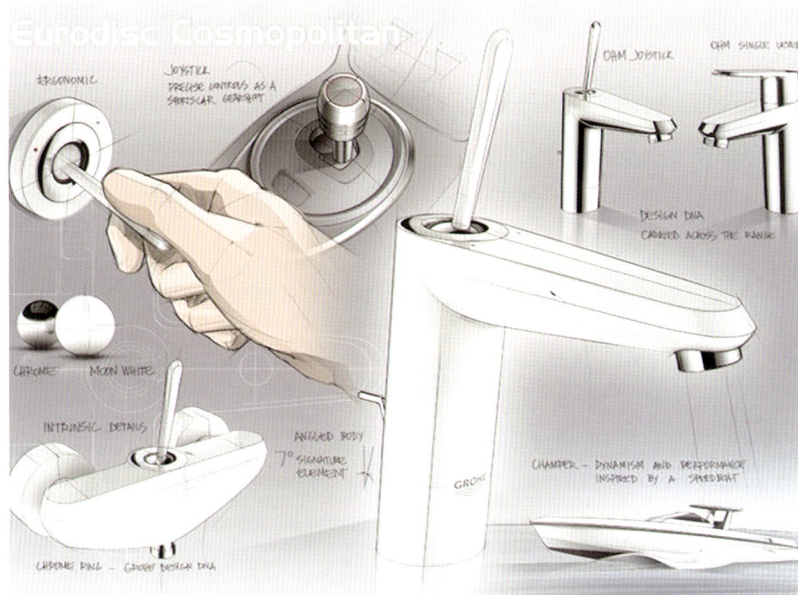

图3-7-3　水龙头设计

④ 传统绘画中很多常用的构图方法在产品手绘中往往依然适用，如"V"形构图、三角形构图、平行构图等，学习者应加以重视，可活学活用，探索并将其应用到自己的手绘实践中（图3-7-4）。

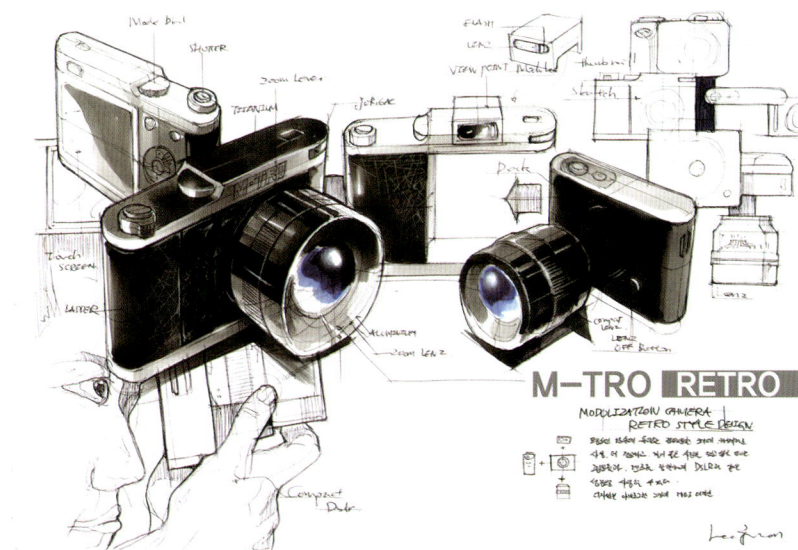

图3-7-4　相机手绘　Juan Lee绘

⑤ 产品本身的形状有时候会很大程度上影响构图，特别是一些形状特殊的产品，以长条状产品为例，遥控器或演示笔等均属于此类产品。在绘制这类产品时，垂直并列摆放、平行构图，或是倾斜摆放、对角线构图等都是不错的选择（图3-7-5）。

图3-7-5　自行车部件　Darrin Seeds绘

⑥ 构图中应注意强调各个构图元素间的主次关系，同时规划好观者的视觉流线，这样实际上就设计好了观者的观看方式，从而能够更有效地按照设计师的意图向观者传达设计信息（图3-7-6）。

图3-7-6　办公座椅
Rotimi Solola绘

⑦ 注意画面的均衡。画面上图形的大小、颜色的浓淡或是光影效果的强弱，都会影响它在观者视觉上的权重，因此合理对其进行调配，可以使画面有效地达到均衡（图3-7-7）。

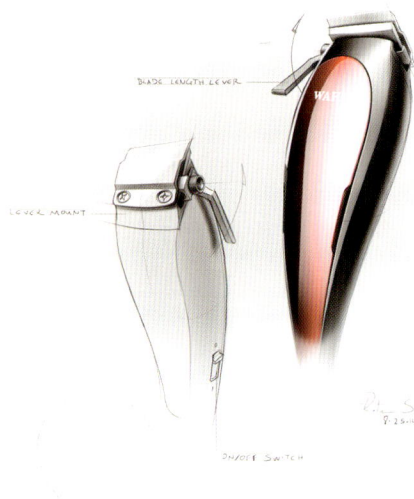

图3-7-7 电动护理工具 Rotimi Solola绘

⑧ 此外，箭头、说明文字以及产品的使用图等都是重要的版面设计细节，它们引导手绘表达的受众更好地理解设计者的设计思考和方案（图3-7-8、图3-7-9）。

图3-7-8 烧烤架设计

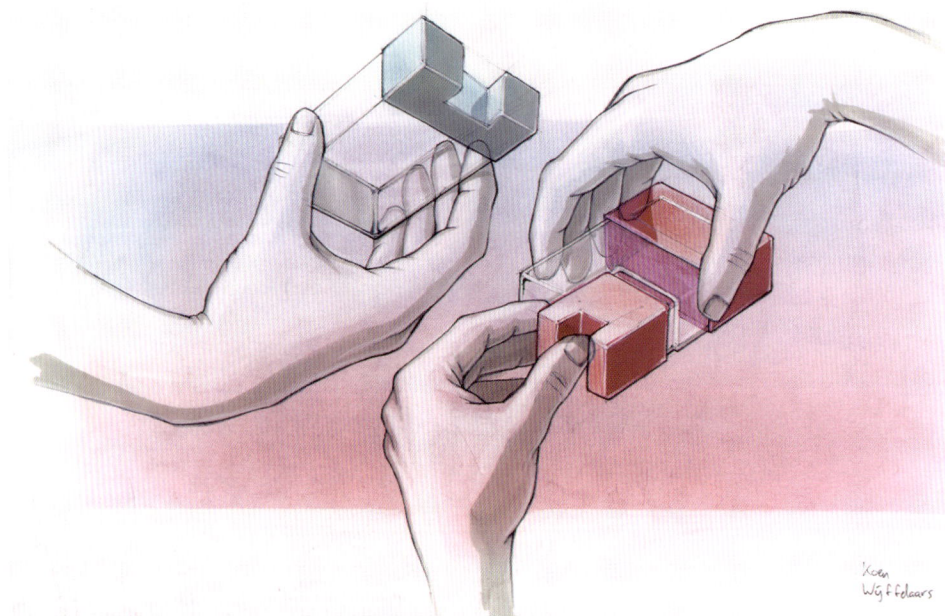

图3-7-9　设计表现中的手部动作

其他可供参考的构图示例如图3-7-10至图3-7-13所示。

图3-7-10　水瓶设计　SQUIDBONE绘

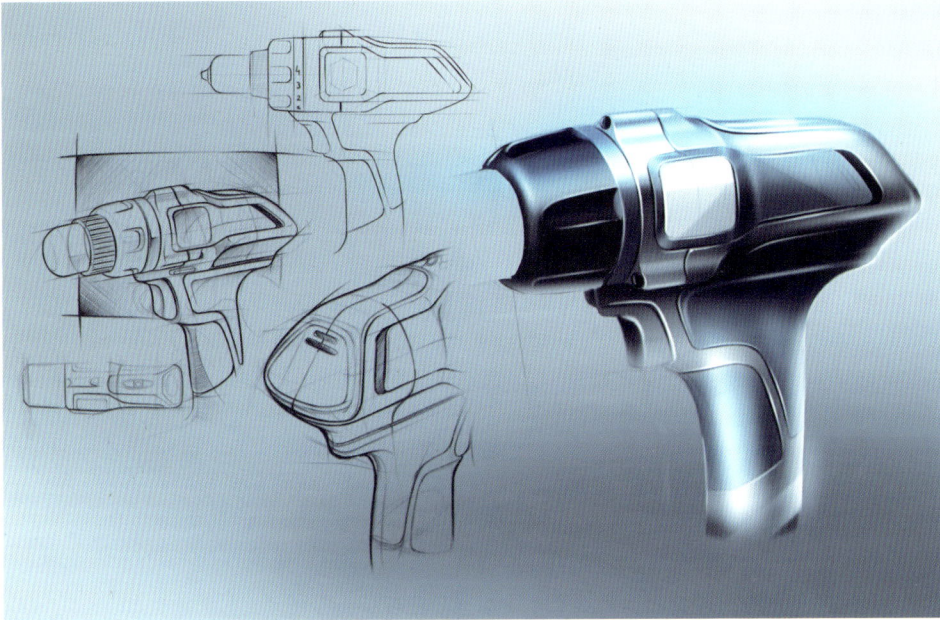

图3-7-11 电动工具手绘 Pascal Ruelle绘

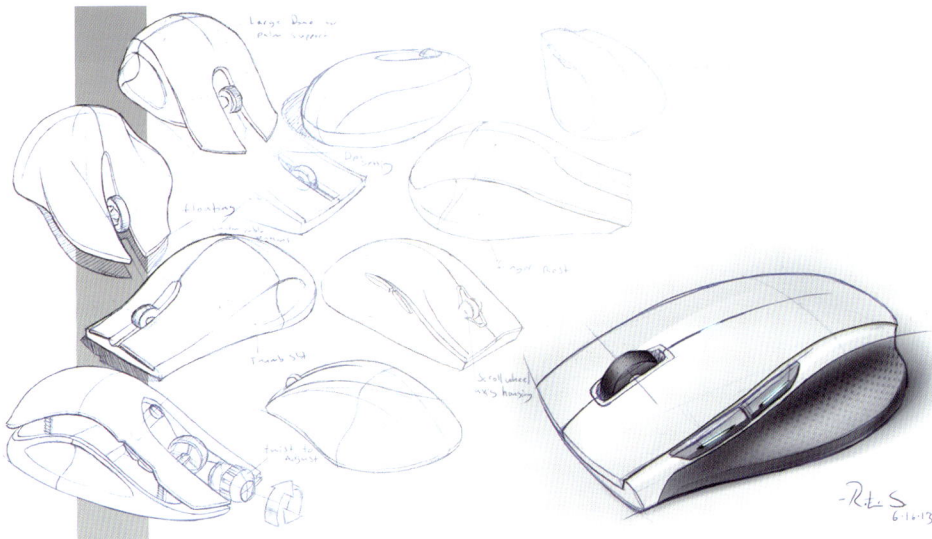

图3-7-12 鼠标设计 Rotimi Solola绘

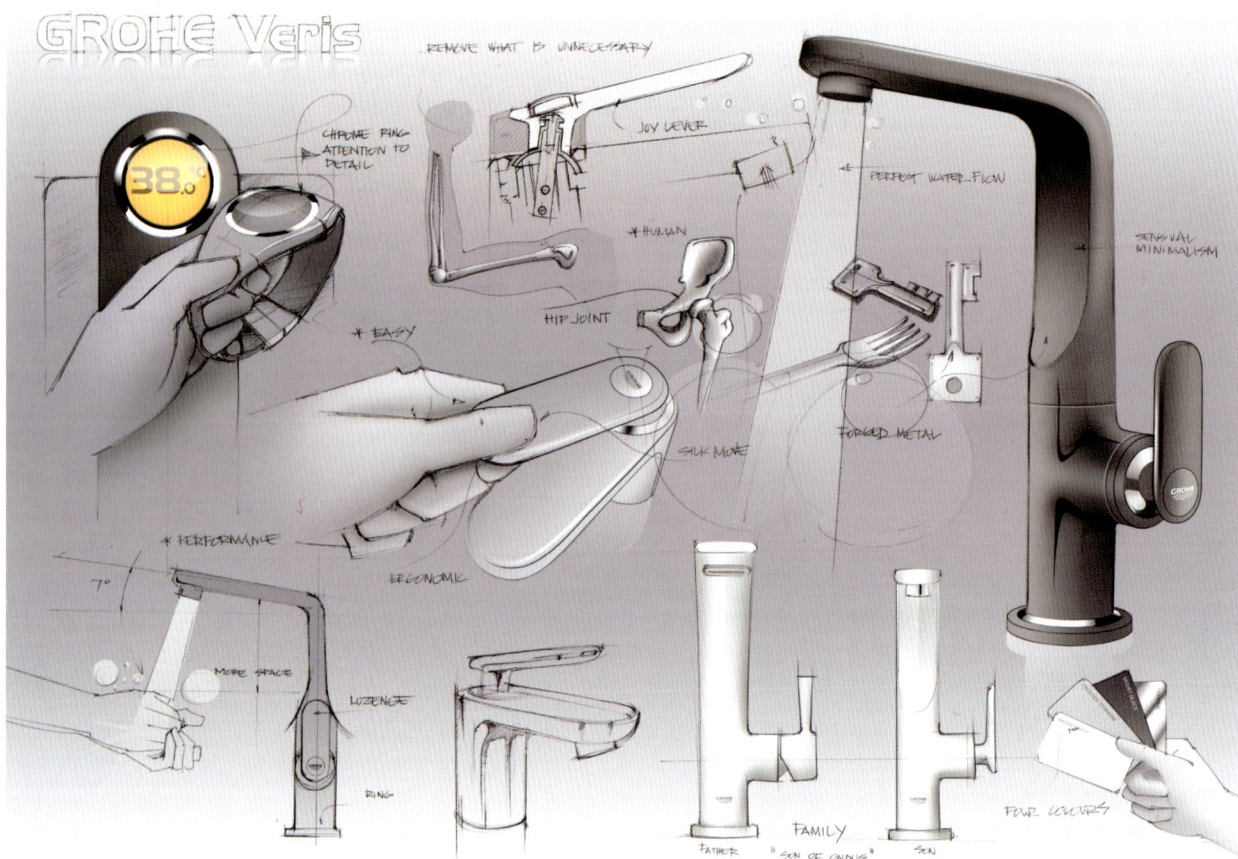

图3-7-13 水龙头设计

思考与练习

    产品设计手绘技能的掌握需要持之以恒的练习和积累，请同学们每天进行线条和椭圆等手绘基本功的练习。此外，请大家多观察生活中的透视、投影和产品色彩在不同光源下的变化等现象，加深对基本手绘表现原理的理解。

第四章 产品设计手绘表现案例

第一节 产品设计手绘表现案例剖析

1.1 厨房用工具

设计者：Philippe Baril。

这是一款厨房中的小工具的设计表现过程，设计师先使用数位板结合手绘软件绘制了初步的概念方案，继而应用Photoshop完成了最终的手绘表现效果图。

Step1：通过对二维线稿的推敲，设计师选定了其中的一个概念进行深入刻画（图4-1-1）。

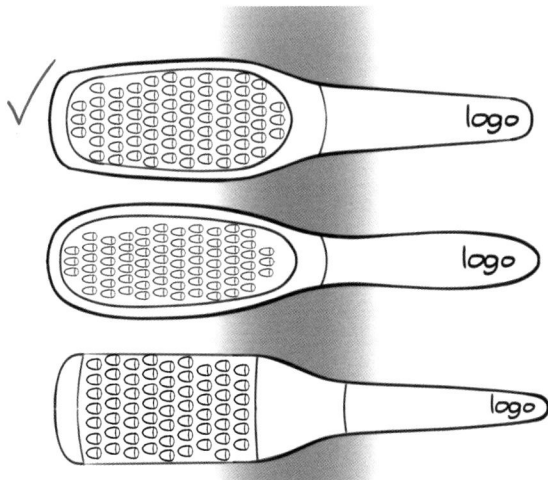

图4-1-1 选定一个二维线稿的概念进行深入刻画

Step2：将草图导入计算机辅助绘图软件中，降低原图的透明度，细致地描画出产品的轮廓线（图4-1-2）。

在这个过程中也可以对手绘草图的细节进行修改（图4-1-3）。

图4-1-2 将草图导入计算机辅助绘图软件中，降低透明度，描画出产品的轮廓线

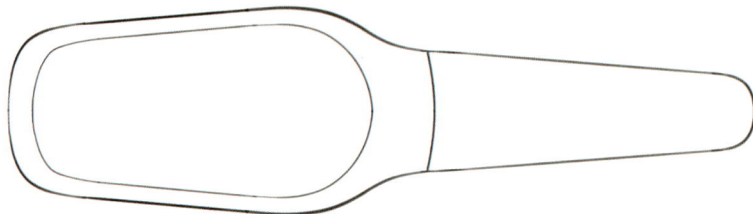

图4-1-3　对手绘草图的细节进行修改

Step3：用基本的色块填充不同零件（图4-1-4）。

图4-1-4　用基本的色块填充不同零件

Step4：根据预设光源的方向，添加基本的光影效果（图4-1-5）。

Step5：添加高光效果，提亮分型线，让产品更加立体。利用模糊工具添加拉丝不锈钢的表面肌理（图4-1-6）。

图4-1-5　添加基本的光影效果

图4-1-6　添加高光效果和拉丝不锈钢的表面肌理

Step6：进一步添加产品的细节（图4-1-7）。

Step7：进一步深入刻画光影效果（图4-1-8）。

图4-1-7 进一步添加产品的细节

图4-1-8 进一步深入刻画光影效果

Step8：进一步刻画手柄部分的材质特征（图4-1-9）。

Step9：添加产品logo等细节，使效果图更加令人信服（图4-1-10）。

图4-1-9 进一步刻画手柄部分的材质特征

图4-1-10 添加产品logo等细节

Step10：为产品效果图添加合适的背景（图4-1-11）。

Step11：增加其他可能的色彩方案（图4-1-12）。

图4-1-11　为产品效果图添加合适的背景

图4-1-12　增加其他可能的色彩方案

1.2 笔记本背包

设计者：Tus Nguyen。

这是一款背包的设计表现过程，设计师先使用纸笔绘制了初步的概念方案，逐步推敲深入，而后又使用SketchBook绘制了产品表现效果图。在此也将最后的实物模型一并呈现，供读者感受从草图到产品的演变过程。

Step1：通过对背包主要立面的设计语言进行推敲，选择深入发展的设计概念（图4-1-13）。

Step2：选择合适的透视角度推演设计方案的细节，同时尝试确定配色方案（图
4-1-14）。

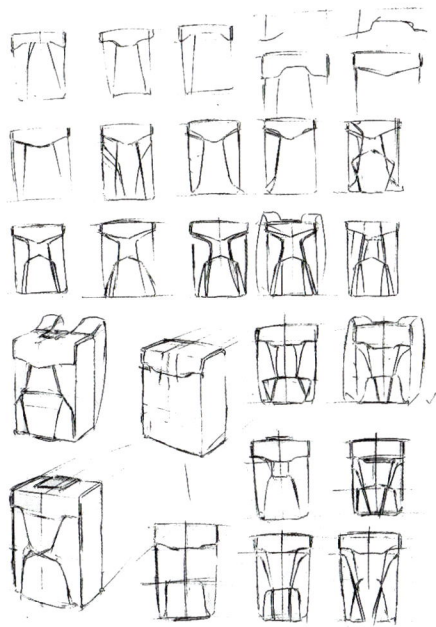

图4-1-13 通过对背包主要立面的设计语言进行推敲，选择深入发展的设计概念

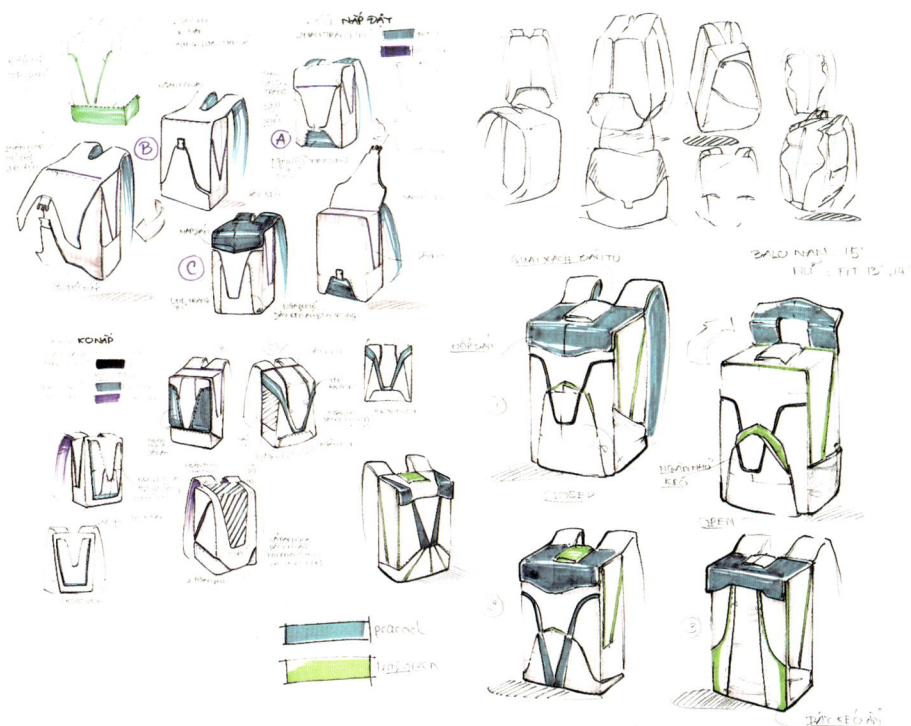

图4-1-14 选择透视角度推演设计方案的细节，尝试确定配色方案

Step3：在SketchBook中进一步深化设计方案，确定背包开合方式等设计细节，确定各部分的面料（图4-1-15、图4-1-16）。

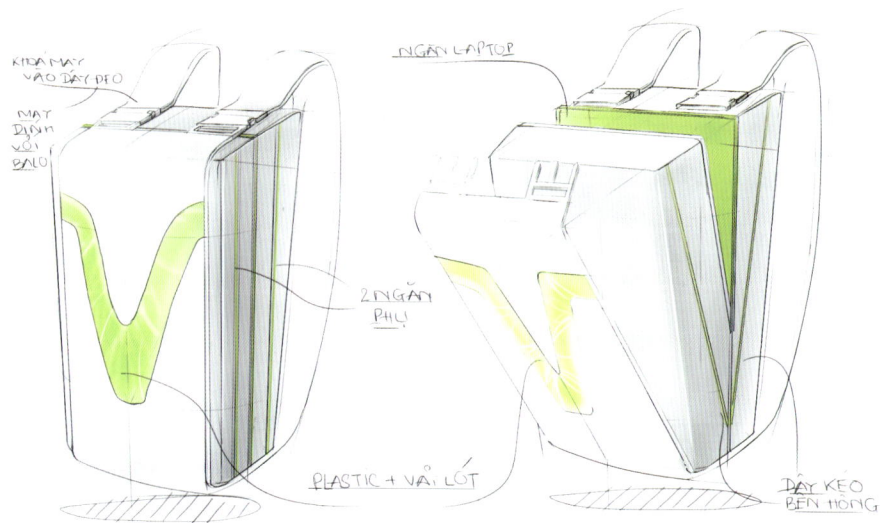

图4-1-15　进一步深化设计方案，确定背包开合方式等设计细节

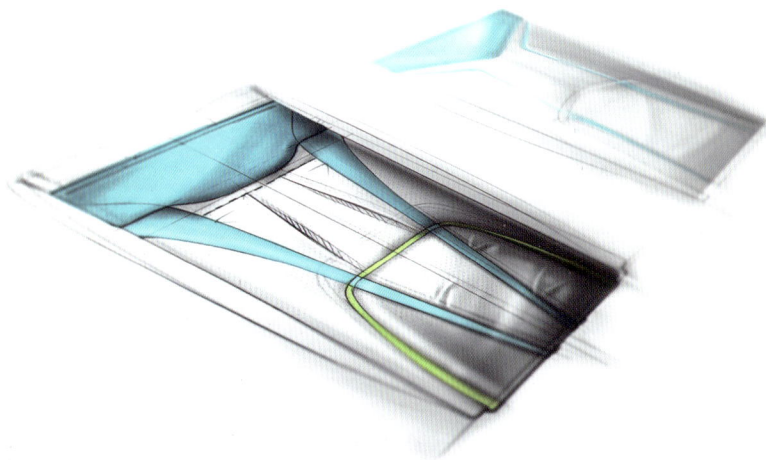

图4-1-16　进一步深化设计方案，确定各部分的面料

Step4：在软件中深化使用方式、使用场景和配色等内容（图4-1-17、图4-1-18）。

Step5：依据设计方案制作产品的实物模型（图4-1-19）。

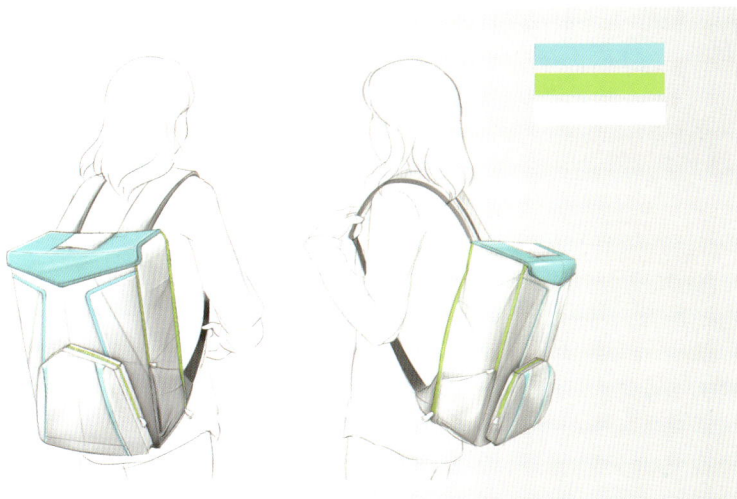

图4-1-17　深化使用方式、使用场景和配色等内容1

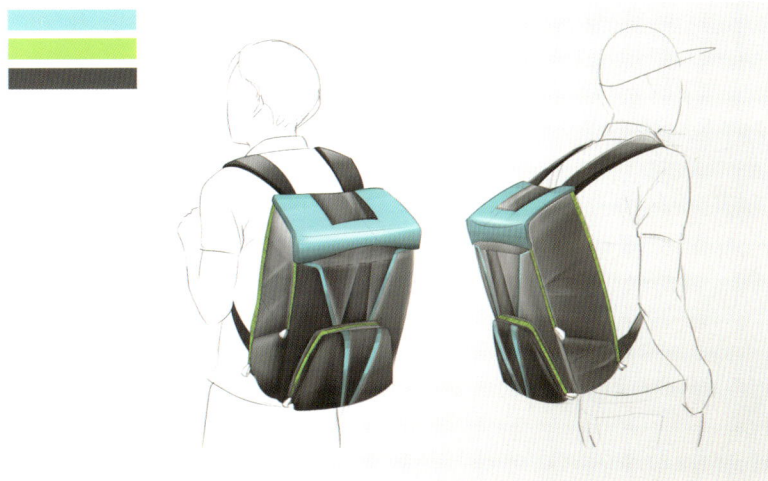

图4-1-18　深化使用方式、使用场景和配色等内容2

图4-1-19　依据设计方案制作产品的实物模型

1.3 眼镜设计

设计者：VOOC eyewear。

在这个案例中，设计师并没有炫技般地使用各种表现技法，而是将设计表现的重点放在了尝试新材料的应用等方面，其后通过产品模型的制作完美呈现了设计方案的初衷。

Step1：在SketchBook中绘制以纤维、牛仔布、木材等作为镜框材料的方案效果图，推敲不同材质和形态的组合，选定木材的方案进行深化（图4-1-20至图4-1-23）。

THE SIMPLE FROM NATURAL FIBER

图4-1-20　绘制以纤维作为镜框材料的方案效果图

图4-1-21　绘制方案效果图

图4-1-22　绘制以牛仔布等作为镜框材料的方案效果图

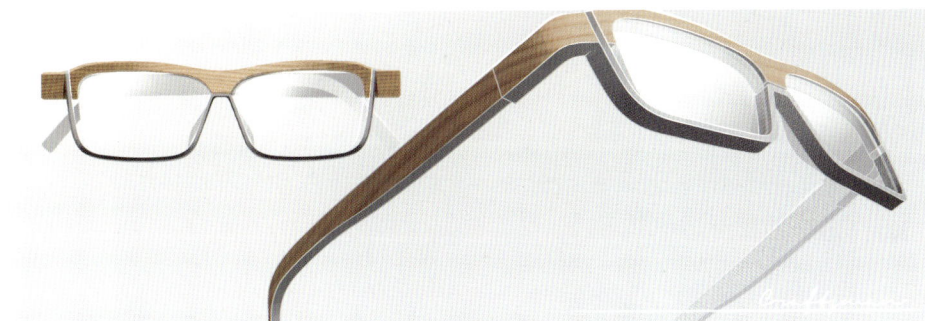

图4-1-23 绘制以木材作为镜框材料的方案效果图

Step2： 进一步刻画使用方式和使用场景图，展示产品在被使用者佩戴时的效果（图4-1-24、图4-1-25）。

图4-1-24 进一步刻画使用方式和使用场景图，展示产品效果1

图4-1-25 进一步刻画使用方式和使用场景图，展示产品效果2

Step3：根据选定的手绘设计方案制作实物模型，并进行表面处理，打磨细节（图4-1-26）。

Step4：选取适当的场景、光源和角度拍摄模型照片（图4-1-27、图4-1-28）。

图4-1-26　制作实物模型，并进行表面处理，打磨细节

图4-1-27　选取适当的场景、光源和角度拍摄模型照片1

图4-1-28　选取适当的场景、光源和角度拍摄模型照片2

1.4　鞋子手绘

设计者：Marc V.– Brosseau。

在这个案例中，设计师示范了如何绘制一款鞋子的效果图。这既是一个展示设计方案的过程，也是作者不断思考、设计细节的过程。此外，设计师还向读者展示了产品使用情境故事板的创作方法。

（1）设计过程

Step1： 使用SketchBook绘制设计方案线稿，导入Photoshop（图4-1-29）。

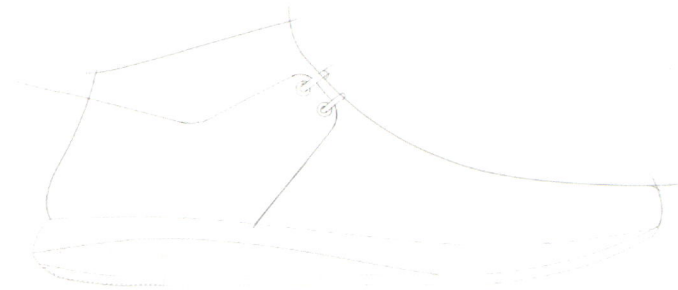

图4-1-29　使用SketchBook绘制设计方案线稿，导入Photoshop

Step2：选定合适的面料素材填充进设计方案的相应位置（图4-1-30）。

Step3：完成对其他构件的材质和颜色的简单填充（图4-1-31）。

Step4：深入刻画方案细节，添加光影效果（图4-1-32）。

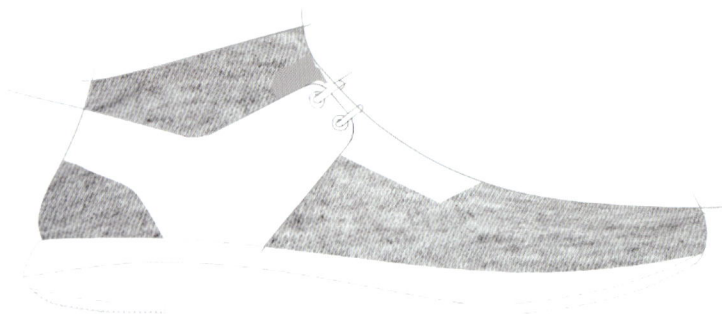

图4-1-30　选定合适的面料素材填充进设计方案的相应位置

图4-1-31　完成对其他构件的材质和颜色的简单填充

图4-1-32　深入刻画方案细节，添加光影效果

Step5：进一步完善细节（图4-1-33）。

Step6：根据测试效果图推导其他视图的表现效果，微调设计方案，加入背景（图4-1-34）。

图4-1-33　进一步完善细节

图4-1-34　根据测试效果图推导其他视图的表现效果，微调设计方案，加入背景

Step7：根据三视图的设计细节绘制透视角度的效果图，以简单的场景更好地传达产品使用的情境与氛围（图4-1-35）。

Step8：设计师在原设计概念的基础上增加了更多的设计细节，并以爆炸图的方式介绍了面料与材质的选择（图4-1-36）。

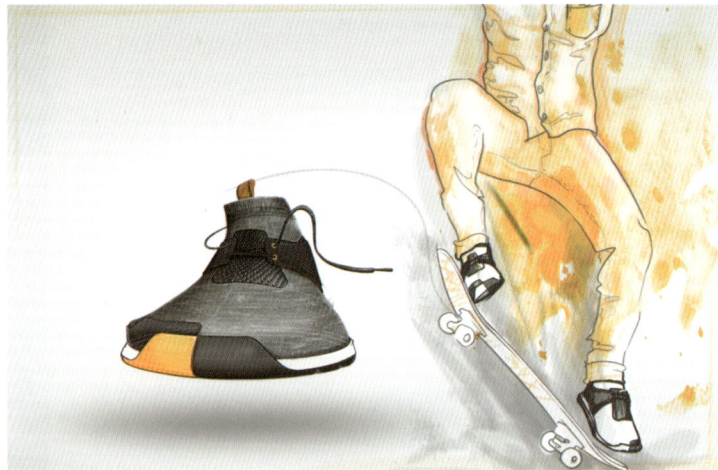

图4-1-35 绘制透视角度的效果图，传达产品使用的情境与氛围

图4-1-36 增加设计细节，并以爆炸图的方式介绍了面料与材质的选择

（2）故事板的手绘表现

为了更好地向读者展示产品解决的设计问题以及具体的使用场景，设计师还完成了故事板的手绘表现。

Step1：在笔记本上手绘勾勒故事版的分镜头，以求简洁、清楚地表达产品的使用故事，突出设计创新点（图4-1-37）。

Step2：根据分镜头的需要寻找合适的意向图，组合成较为完整的产品使用故事（图4-1-38）。

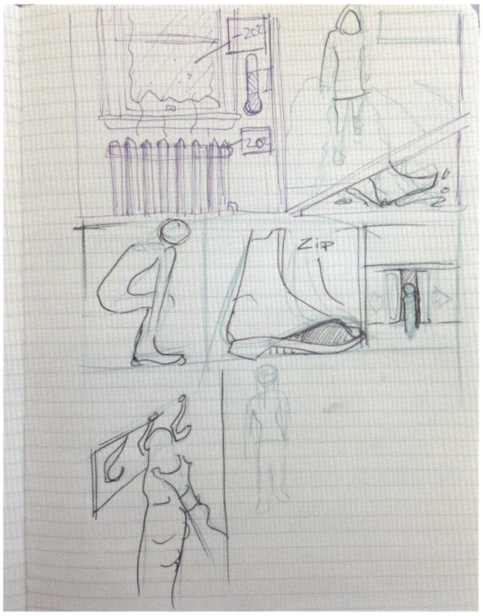

图4-1-37 手绘勾勒故事版的分镜头

图4-1-38 寻找合适的意向图，组合成较为完整的产品使用故事

Step3：在SketchBook中将意向图加工成为手绘图，完成最终完整的手绘风格故事板（图4-1-39）。

图4-1-39　在SketchBook中将意向图加工成为手绘图，完成最终手绘风格故事板

1.5 游艇内饰

设计者：Kelly Custer。

这个案例中设计师展示了游艇内饰方案的手绘过程，她采用简单的3D建模和渲染帮助准确地表达设计方案的透视和光影效果，这也是在场景设计等领域常用的技巧。

Step1：通过概念草图评价选择设计方案，选取有发展潜力的方案进行深化（图4-1-40）。

图4-1-40　评价选择设计方案，选取方案进行深化

Step2：使用三维建模软件建立方案的大概模型，赋予灯光和金属材质粗略的渲染（图4-1-41）。

Step3：将渲染图导入Photoshop，降低图层的透明度（图4-1-42）。

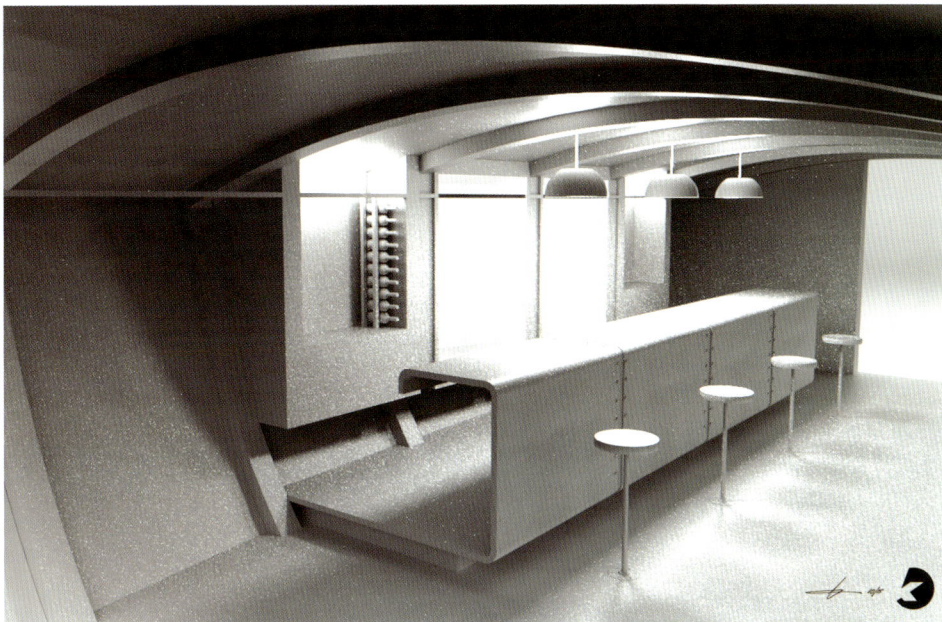

图4-1-41　建立方案的大概模型，赋予灯光和金属材质粗略的渲染

图4-1-42　建立方案的大概模型，赋予灯光和金属材质粗略的渲染

Step4：新建图层，在渲染图基础上勾勒出设计方案的轮廓和重要细节（图4-1-43）。

Step5：根据对设计方案的预想，简单处理渲染图，保留使用金属材料部件的材质和光影效果（图4-1-44）。

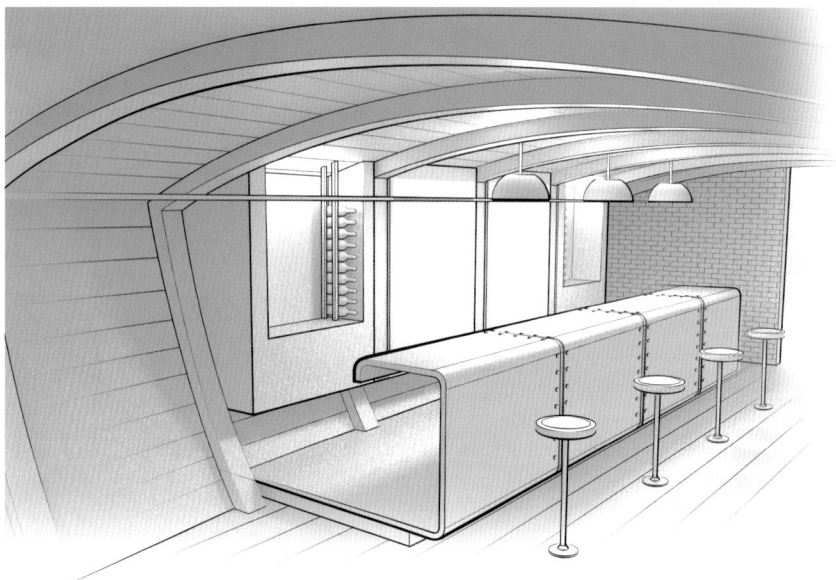

图4-1-43　新建图层，勾勒出设计方案的轮廓和重要细节

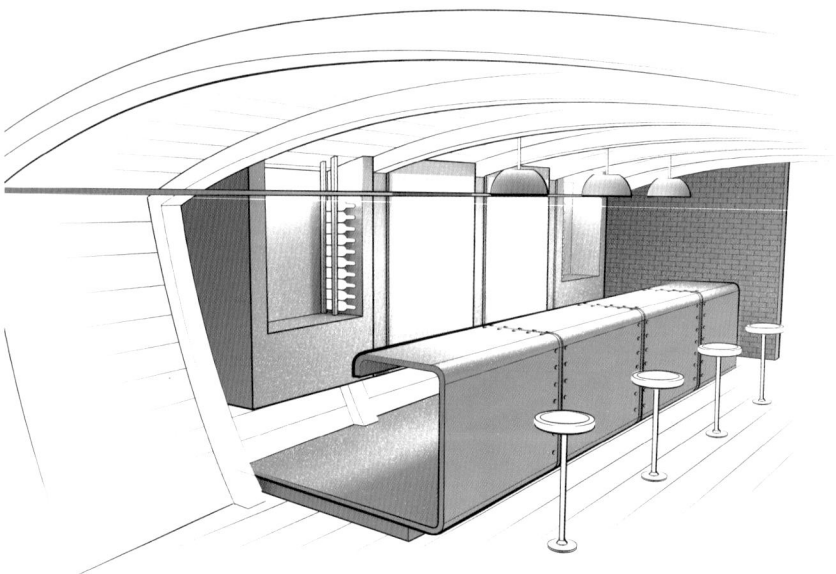

图4-1-44　简单处理渲染图，保留部件的材质和光影效果

Step6：调整酒柜、吊灯和吧台等细节部分的色彩和材质（图4-1-45）。

Step7：进一步调整吧台的材质，增加肌理贴图，并刻画木材的质感（图4-1-46）。

图4-1-45　调整酒柜、吊灯和吧台等细节部分的色彩和材质

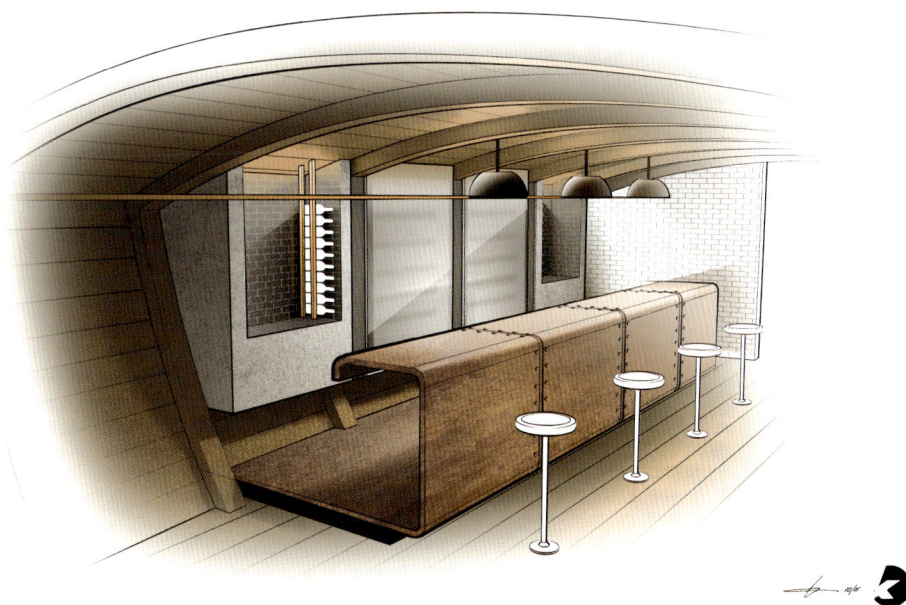

图4-1-46　进一步调整吧台的材质，增加肌理贴图，并刻画木材的质感

Step8：增加人物、装饰物以营造设计氛围（图4-1-47）。

Step9：增加文字和箭头等，增强方案效果图的说明性（图4-1-48）。

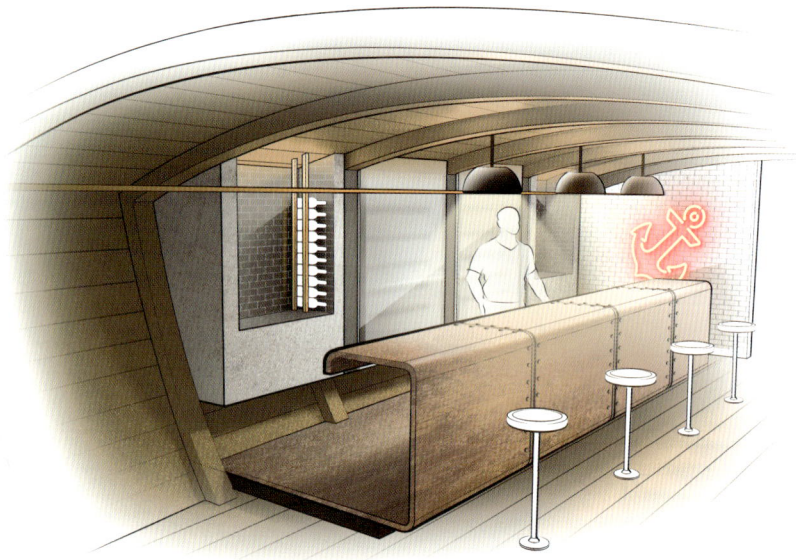

图4-1-47　增加人物、装饰物以营造设计氛围

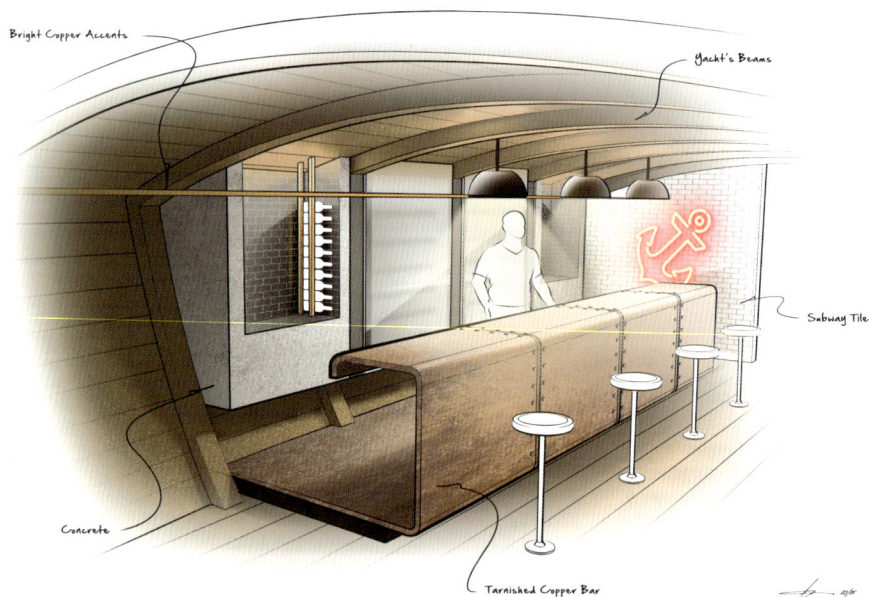

图4-1-48　增加文字和箭头等，增强方案效果图的说明性

第二节　产品设计手绘表现欣赏

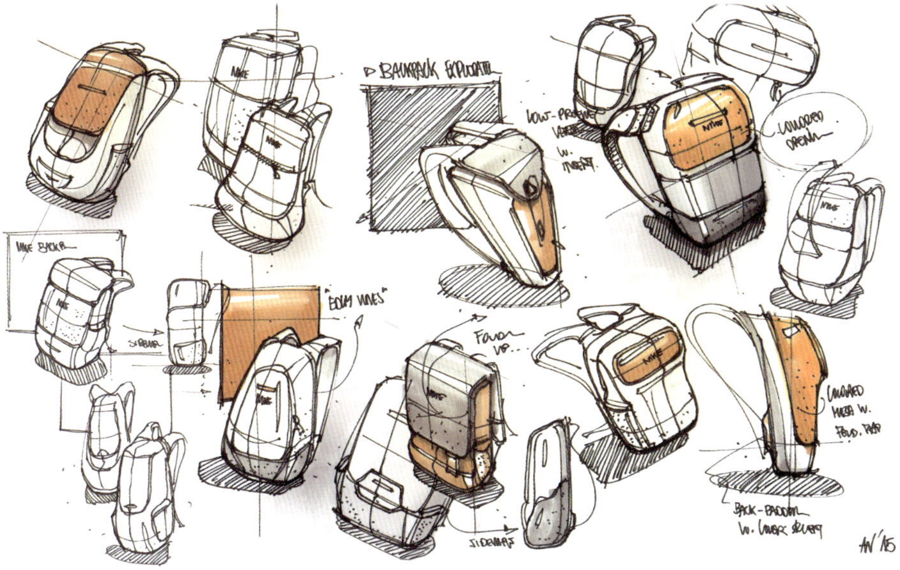

图4-2-1　Aaron Wansch绘

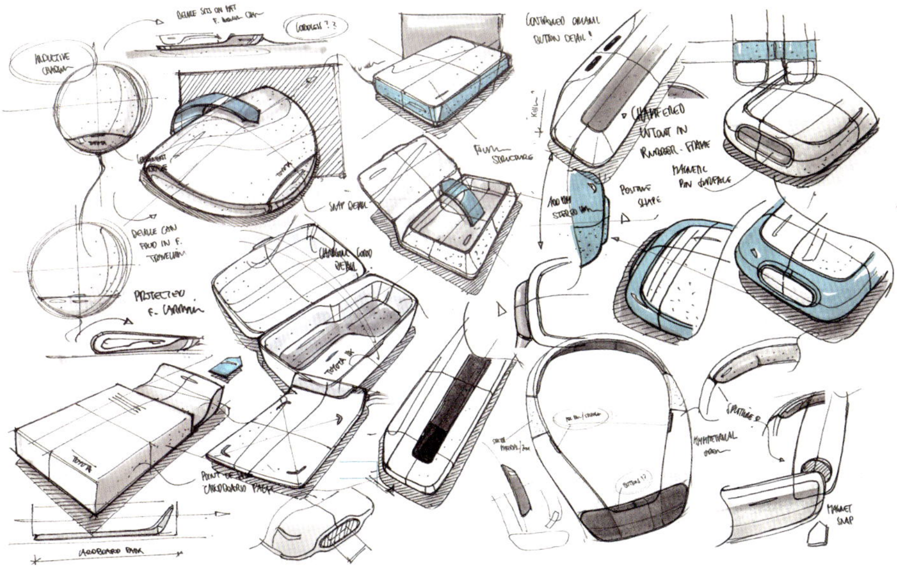

图4-2-2　Aaron Wansch绘

图4-2-3　Artem Smirnov绘

图4-2-4　Artem Smirnov绘

图4-2-5　Kelly Custer绘

Mobile dental **equipment**
Development and concept sketches

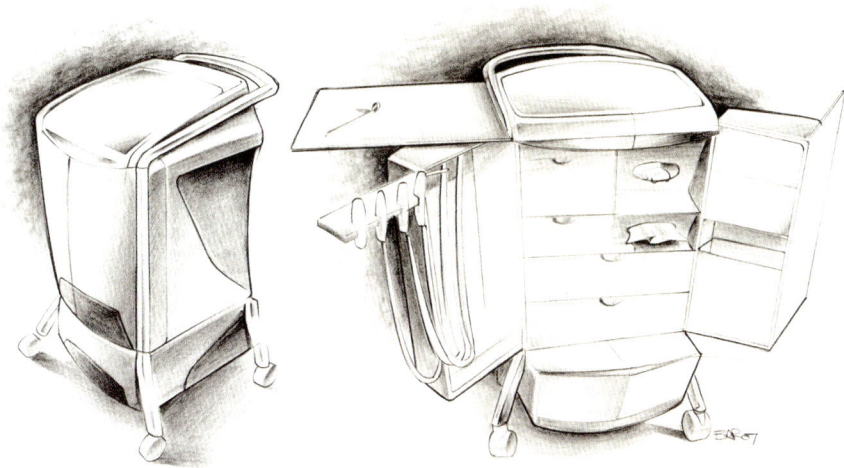

图4-2-6 Philippe Baril绘

图4-2-7 Ryan Lee Sanderson绘

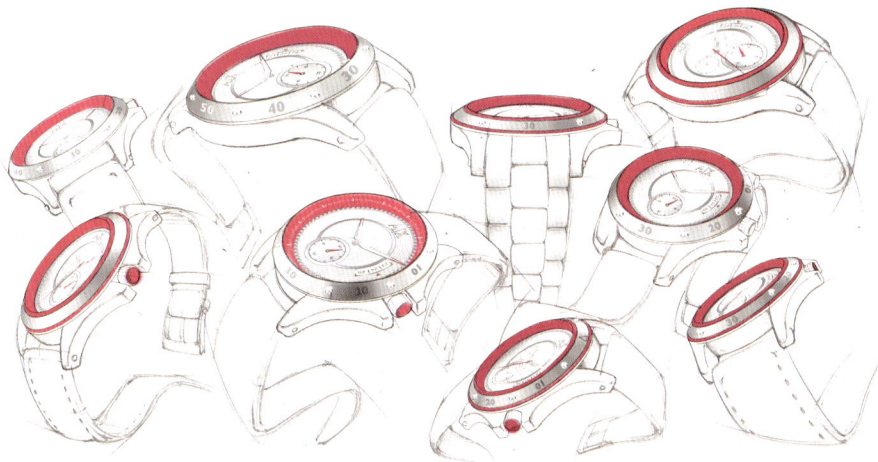

图4-2-8 Stefan Brown绘

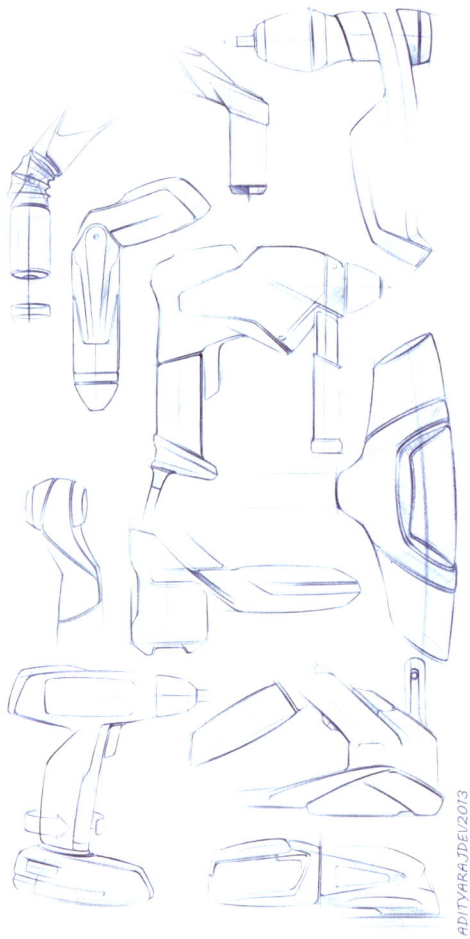

图4-2-9　Adityaraj Dev绘

图4-2-10　Adityaraj Dev绘

图4-2-11　Stanley Sie绘

图4-2-12　Ibrahim Bozkurt绘

图4-2-13 Thierry Fischer绘

图4-2-14 Marcello Basilio绘

图4-2-15 Marcello Basilio绘

图4-2-16 Yasid Design绘

图4-2-17　Prathyush Devadas绘

图4-2-18　Prathyush Devadas绘

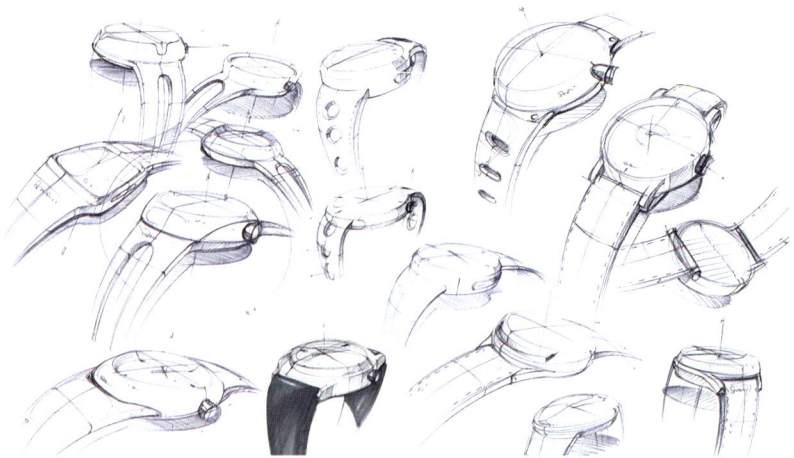

图4-2-19　Victor Xu绘

图4-2-20　Begüm Tomruk绘

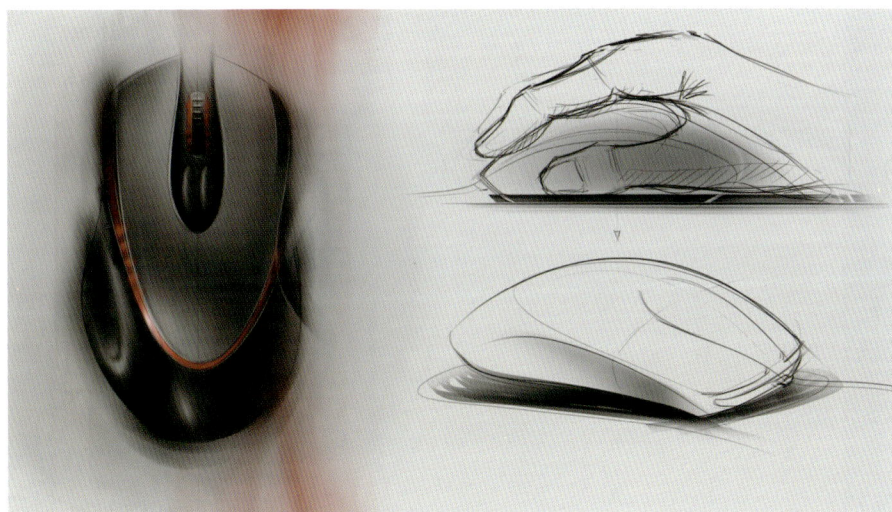

图4-2-21　Zion Hsieh绘

图4-2-22　Njegos Lakic绘

图4-2-23　Begüm Tomruk绘

思考与练习

临摹与思考，尝试不同的手绘表现工具，寻找适合自己的方式、方法和风格。

参考文献

[1] [荷]库斯·艾森，[荷]罗斯琳·斯特尔. 产品手绘与创意表达[M]. 王玥然，译. 北京：中国青年出版社，2012.

[2] [荷]库斯·艾森. 产品设计手绘技法[M]. 陈苏宁，译. 北京：中国青年出版社，2009.

[3] 邓嵘. 设计师的语言——产品设计表达基础课程教学感悟[J]. 新视觉艺术，2009（6）：94-96.

[4] [美]德博拉·A·罗克曼. 教素描的艺术[M]. 林妍，译. 上海：上海人民美术出版社，2003.

[5] 高华云，郭亚男. 产品设计快速表现技术[M]. 大连：大连出版社，2006.

[6] [美]Kevin Henry. 产品设计手绘——感知×构思×呈现[M]. 张婷，孙劼，译. 北京：人民邮电出版社，2013.

[7] [日]清水吉治. 产品设计草图[M]. 张福昌，译. 北京：清华大学出版社，2011.

[8] 刘传凯. 产品创意设计2——创意产品设计案例解析[M]. 北京：中国青年出版社，2008.

[9] 刘传凯，张英惠. 产品创意设计——刘传凯的产品设计[M]. 北京：中国青年出版社，2005.

[10] 罗剑，李羽，梁军. 工业设计手绘宝典：创意实现＋从业指南＋快速表现[M]. 北京：清华大学出版社，2014.

[11] 罗剑. 工业产品、交通工具创意设计——基础、提升、完善[M]. 北京：电子工业出版社，2012.

[12] 陆超. 关于工业设计专业产品手绘技法表现课程的新探讨[J]. 艺术与设计：理论，2011（8）：186-187.

[13] 李和森，章倩砺，黄勋. 产品设计表现技法[M]. 武汉：湖北美术出版社，2009.

[14] 李和森，蔡霞. 麦克笔快速表现技法解析——产品设计快速表达篇[M]. 武汉：湖北美术出版社，2011.

[15] 杨梅. 产品设计表现[M]. 北京：中国轻工业出版社，2009.

[16] 杨雄勇，等. 产品快题设计与表现[M]. 北京：机械工业出版社，2008.

[17] 张恒国. 马克笔工业产品设计表现技法[M]. 北京：人民邮电出版社，2013.

[18] 朱云峰. 对产品设计手绘表现课程教学的思考与探索[J]. 大众文艺，2011（12）：241.

致 谢

首先，特别感谢丛书主编朱钟炎教授、范圣玺教授对本书编写的悉心指导和宝贵建议。同时，Aaron Wansch、Adityaraj Dev、Andy Logan、Artem Smirnov、Beau Daniels、Begüm Tomruk、Chris Hilbig、Clement Poree、Darrin Seeds、George Yoo、Guillaume Allemon、Ibrahim Bozkurt、Jimi Brown、Juan Lee、Justin Arsenault、Kelly Custer、Marc V Brosseau、Marcello Basilio、Marius Dumitrascu、Martin Castro Sosa、Martin Kostovcik、Neo Nguyen、Nicolle Lutterbeck、Njegos Lakic、Orhan Okay、Pascal Ruelle、Peter Braakhuis、Philippe Baril、Rob Podell、Rotimi Solola、Prathyush Devadas、Reid Schlegel、Ryan Lee Sanderson、Sangwon Seok、Slava Saakyan、Stanley Sie、Stefan Brown、Tus Nguyen、Victor Xu、Zion Hsieh、黄屹洲等也为本书的编写提供了相关手绘作品及素材。此外，还有很多同仁朋友对本书的编写也给予了支持与帮助，在此一并表示衷心的感谢！